系统思维

张诚忠　编著

拥抱全局，超越传统，引领智慧未来

中国纺织出版社有限公司

内 容 提 要

我们生活的世界，以及这个世界上的万事万物，大到宇宙，小到一个原子，都是一个系统，都有其运转规律。掌握了事物的运转规律，就能提升我们解决问题的能力，这就是系统思维。系统思维是解决任何问题的关键。

本书是一本系统思维的入门书，以简练易懂的语言和真实的事例，引导读者从不同的角度观察这个世界，帮助读者超越简单的因果关系，了解什么是系统思维、系统思维的要素以及如何在现实生活中运用系统思维等。相信阅读完本书后，读者能提高自己的分析能力，进而成为解决问题的高手。

图书在版编目（CIP）数据

系统思维 / 张诚忠编著 . -- 北京：中国纺织出版社有限公司，2024.1
ISBN 978-7-5229-0931-8

Ⅰ. ①系⋯ Ⅱ. ①张⋯ Ⅲ. ①思维方法—通俗读物 Ⅳ. ①B804-49

中国国家版本馆CIP数据核字（2023）第167232号

责任编辑：柳华君　　责任校对：高　涵　　责任印制：储志伟

中国纺织出版社有限公司出版发行
地址：北京市朝阳区百子湾东里A407号楼　邮政编码：100124
销售电话：010—67004422　传真：010—87155801
http://www.c-textilep.com
中国纺织出版社天猫旗舰店
官方微博 http://weibo.com/2119887771
天津千鹤文化传播有限公司印刷　各地新华书店经销
2024年1月第1版第1次印刷
开本：880×1230　1/32　印张：7
字数：125千字　定价：49.80元

凡购本书，如有缺页、倒页、脱页，由本社图书营销中心调换

前言

生活中，我们对"系统"这个名词并不陌生，如"计算机系统""医疗系统""教育系统"等，都是我们常挂在嘴边的词语，然而，对于系统的定义，也许很多人并不熟悉。所谓系统，一般指的是可以封闭运作的，可以自我完善并且能够保持动态平衡的物品集合。

事实上，我们生活的世界，乃至世界中的万事万物，都属于某一个系统，都有其运转规律。而有系统，就有系统思维，在了解系统思维前，我们不妨先来思考下面这些问题：

你所在的部门或公司是否总是存在这样或那样的问题，公司曾多次尝试解决，但就是不见效果？

当你表现不佳时，你是否意识到自己在无意中降低了目标，导致结果更糟糕？这样的情况如何改善？

为什么社会中会出现"富者越富，而穷者越穷"的现象？经济世界的规则到底是怎样的？这样的现状如何突破？

你似乎是个不受欢迎的人，你想要改善你和伴侣以及同伴的关系，应该怎么做……

了解了系统思维，你就会找到以上问题的答案。

其实，现实生活中，我们遇到的大部分复杂问题，都是系统问题，要想有效解决，你需要具备系统思维。哪怕只是在你的工作、生活中引入少量系统思维，都可以帮你在无数领域中得到改善。

那么，什么是系统思维呢？

系统思维，简单来说，就是对事情进行全面思考，不只就事论事。它是把想要达到的结果、实现该结果的过程、过程优化以及结果对未来的影响等一系列问题，作为一个整体系统进行思考。

系统思维是一种逻辑抽象能力，也可以称为整体观、全局观。

系统思维是以系统论为基本模式的思维形态。它不同于创造思维或形象思维等本能思维形态，系统思维能极大地简化人们对事物的认知，帮助人们形成整体观。

按照思维习惯，我们在考虑问题时，通常只考虑其中一个方面。比如，这个工具怎么用，这件衣服好不好看，这个人可不可以信任，这个店铺值多少钱……我们把这一个方面搞明白了，问题通常也就解决了。

这种思维习惯非常强大，以至于当我们面临复杂问题的时候，也是从"一个方面"入手。那么如果出了问题，原因通常也就只有一个，比如，如果公司业绩不行，那一定是总裁能力不行；战争失败，一定是将军指挥不到位。这种将任何事情都归结为一个点的思维，即线性思维，它在很多情况下是有用的，但只局限于分析简单的问题。对于一些复杂的问题，很明显这种思维方式无法满足。

这就是系统思维出场的时刻。运用系统思维，首先要求我们将问题看作一个"系统"，而不是一个"方面"，其次，我们要弄清系统中各环节之间的关联以及问题的本质，这样才能真正解决问题。

本书是一本系统思维的入门书，它从现实生活中常见的问题出发，帮助我们从惯用的线性思维进阶到系统思维，引导我们更深入且全面地了解与解决问题，并提供了具体的思维方法与工具。相信在读完本书后，你的理解分析能力以及解决问题的能力都会有明显的提升。

编著者

2022年12月

目录

第01章　了解系统思维，认识到提升思维力的重要性 / 001

提升思维力是当今时代的要求 / 002

思维力不足的弊端 / 004

什么是系统思维 / 008

系统思维与常见思维的关系 / 012

系统思维的四种方法 / 014

解决问题，先要抓住事情本质 / 019

第02章　明晰关键，常见思维类型在系统思维中的运用 / 025

SMART原则：精准定位目标才能有的放矢 / 026

逆向思维：反转大脑，求新求异 / 029

发散思维：由点到面扩展思维空间 / 032

聚合思维：直击问题的症结 / 036

收敛思维：系统思维的核心部分 / 039

归纳演绎推理法：助你形成全局思考的习惯 / 042

第03章 重在应用，灵活运用思维方法让你成为解决问题的高手 / 047

思维导图法，帮你构建基本框架 / 048

逻辑树：常见的分析问题的工具之一 / 050

二八法则：解决问题要抓住主要矛盾 / 054

5W2H分析法：一种调查研究和思考问题的有效办法 / 057

运用全局思维，从总体掌控更易把握事情方向 / 060

制订计划，行动才有方向性 / 063

及时检查和调整，以防偏差 / 068

第04章 思维拓展，如何从线性思维转变为系统思维 / 073

判断现象是问题还是症状的八种思路 / 074

别让思维定势给你的人生设限 / 078

如何从线性思维转变为系统思维 / 082

一次性解决问题，才能避免返工 / 086

找到关键，一针见血解决问题 / 089

抱怨毫无意义，不如行动 / 093

第05章　运用"金字塔结构",让问题清晰明了 / 097

　　金字塔原理概述 / 098

　　演绎式逻辑论证 / 101

　　归纳式逻辑分组 / 105

　　MECE归因分析模型,结构化拆解问题 / 109

第06章　衰退中的系统：如何让系统保持在你所期望的水平 / 113

　　万事万物最终都会走向灭亡 / 114

　　解决系统衰退的两个关键点 / 117

　　从快思考系统到慢思考系统的转变,能防止偏见和错误 / 121

　　负面偏好,是人们共性心理 / 125

　　终身学习,不断进步 / 129

　　积极思考,转换观念 / 132

　　拒绝得过且过,树立超前的人生态度 / 137

第07章　语言表达中的系统思维，学会自上而下地表达 / 141

"从结论说起"是一种有效的表达方法 / 142

如何做才能运用好"从结论说起" / 146

自上而下地表达，能让语言更有逻辑性 / 150

开口前就要认真构思，掌握大致框架 / 155

让语言更有逻辑性的训练方法 / 158

整体把握讲话时间，避免重复啰嗦 / 162

有始有终，任何讲话都不能虎头蛇尾 / 165

第08章　经济现象与系统思维，富人为什么会越来越富 / 171

马太效应——为何贫者越贫，富者越富 / 172

打破规则，懂得借力借势找到财富之路 / 176

如何在有钱人的圈子里开拓出自己的财路 / 181

投资不可只顾眼前，一定要眼光长远 / 184

商机，来自对市场的精准判断 / 187

第09章　人际关系中的系统思维，如何架构良性圈子 / 191

人类的天性习惯于将事件归咎于相同的原因 / 192

四种模式会导致离婚或人际关系的终结 / 195

求同存异，用爱和包容经营婚姻 / 198

运用系统思维，借助各种网络人脉 / 201

保持开放的心态，才能扩大你的人际关系网 / 204

有情有义，施恩于至交好友 / 207

参考文献 / 211

第01章
了解系统思维,认识到提升思维力的重要性

当今社会,信息技术日新月异,我们在享受这个时代提供的种种便利的同时,也迎接着时代给我们的新的挑战。尤其是从互联网技术诞生以来,我们的生活发生了翻天覆地的变化,知识更新换代的速度越来越快,我们唯有不断提升自己的思维力,才能适应当今时代的发展。而系统思维的学习和运用,更是思维力提升的重要方面。那么,什么是系统思维?提升系统思维又有哪些方法呢?带着这些问题,我们进入本章的学习。

提升思维力是当今时代的要求

有人说:"这是最好的时代,也是最坏的时代。"好的一面是,随着人工智能、大数据、互联网等技术的发展,我们的生活发生了翻天覆地的变化,从古至今,没有哪个时代比我们过得更幸福。坏的一面是,随着科技的飞速发展,我们的知识淘汰和更新的速度进一步加快,以至于我们再也不能躺在"功劳簿"上吃老本,再也没有所谓的"铁饭碗"。我们只有不断地精进,不断地适应这个世界,才能不被这个世界淘汰。想要实现个人成长,最重要的一步就是要提高认知,提升我们的思维能力。

的确,从互联网诞生以来,我们的生活发生了翻天覆地的变化,而各种通信app、自媒体、新技术的诞生,更是让我们眼花缭乱,我们也无法预料未来将会出现何种更新的技术。

因此,依赖现有的知识存活一辈子的时代已经一去不复返了。在如今知识快速更新和淘汰的时代,相较知识本身,提升思维力以快速掌握和应用知识的能力更为重要,即"思维力＞知识"。

除了知识淘汰和更新的速度进一步加快外，知识的学习日趋碎片化。

"移动互联网"兴起后，人们的注意力很容易被分散、影响和切割，据专业人士称，人们的注意力已经被压缩到了5分钟的极限，"利用碎片化时间"这个新时代词语更是占据着我们的生活和工作空间，各类云学堂、微课堂、自媒体也以此为旗号来切割我们本来的整段时间，微信公众号、微课堂现在已成了不少人获取知识的主要渠道，知识的传播和接收进一步碎片化。

在这样信息大爆炸但是信息的传播和接收都变得碎片化的情况下，我们如何才能将大量的信息变成体系化和系统化的知识呢？只有提升思维力、创建个人知识体系，才能对这些碎片化的知识进行过滤以及归纳和总结，做到取其精华、去其糟粕、为己所用，否则就是过眼云烟，对自己毫无用处。

移动互联网在拉近了全球距离的同时，也因其实时传播的特性将人类社会的节奏越推越快。在工作内容从以月为单位逐渐变成以小时为单位的快节奏中，人类社会对问题解决速度的要求也越来越高。思维能力低下、快速解决问题的能力不足的人，势必会被这个高速运转的社会抛弃。

然而，人的思维是看不见、摸不着的，所以我们如何判断人与人之间思维的差距呢？一个最简单的方法就是，看一个人解决问题的能力。我们每个人都会遇到各种各样的问题，而思维力不足会导致我们想不明白、说不清楚、学不快速，即导致我们解决问题的能力低下，对于当今社会的快速发展更是难以适应和寻求突破。

此外，"移动互联网"等技术在冲击和改造传统行业的同时，也对提升思维力有以下好处：

（1）提升思维力可以打造个人知识体系，让人少走弯路，并快速高效地对知识进行分类过滤和系统化吸收。

（2）培养独立思考、自主创新的能力，提高解决复杂问题的能力和效率。

现代社会信息更新迭代太快，所以提升思维力以拥有快速掌握和应用知识的能力显得尤为迫切。

那么，如何提升思维力呢？不得不说，这不是一蹴而就的，而是需要全面、深入且逐步提升的，需要大量的练习和实践。尤其是系统性思维的学习更是不可缺少，而这也是我们后面要讲的内容。

思维力不足的弊端

在日常工作、学习和生活中，你是否碰到过下面三种情况：遇到事情想不明白或找不到头绪、沟通或写文章时词不达意、学习新知识和技能时效率低下？其实，造成这些现象的原因都是思维力不足。思维力不足，解决问题的能力就弱。可能你不曾留意这些现象，没关系，下面三个场景就是对这些现象的最好阐述。

场景一：总跳槽的小王。

小王已经毕业两年了，在这两年的时间里，她先后从事了性质不同的四份工作：民办学校的教师、教育机构的咨询员、办公器材的销售员和保险推销员。这四份工作只有做教师与她的专业对口，其他都是在招聘单位急需用人她也急需工作的时候找到的。那时，单位不考虑她的专业，她也不考虑工作的性质，只看薪水和招聘单位的承诺，只要薪水满意或者未来的薪水可以达到她的预期，她就做。

就这样，她就像走马灯似的换了四家单位，换了四份工作。

这一次，小王拿着她的中文简历找到一个猎头，希望猎头能为她翻译成英文。她说她看好了一家各方面都不错的外资企业，薪水尤其诱人，所以想制作一份英文简历试试运气。

这位猎头一看简历，发现这还是她大学毕业时用的简历，只是在工作经历一栏多了几行字，也只有从工作经历里才能看出这不是一个应届毕业生的简历。猎头摇了摇头。

看到猎头的反应，小王其实也明白自己的工作经历没有什么说服力,她在叙述工作经历的时候一笔带过,而且把自己的四次跳槽进行了排列组合,将四次改成了两次。

这里,单从小王工作的种类上来看,她所从事的职业无疑是丰富的,经历也是复杂的。但是这种经历在质量上实在是缺乏说服力,很难让人信服。为什么会这样呢?因为她没有明确的职业目标,不知道自己要做什么、能做什么,最终导致失去了职业方向。而深究其原因,是小王在分析自己职业目标时想不明白。也正因为想不明白、找不到明确的方向,她才盲目跳槽、无法积累有效的工作经验。

场景二:糊里糊涂的服务员。

在一家餐厅里,店里的服务员小王和经理谈了起来。

经理:"前几天说今天定位子的客人有几位?今天打电话了吗?"

小王:"刚想打,就有查询电话打过来。"

经理:"是之前预约的客人打来的吗?有几位?"

小王:"不知道。"

经理:"怎么会不知道?客人不是打了电话吗?"

小王:"不,是别的客人。"

经理:"那你的意思是,还没打是吗?"

小王："是的。"

经理急了："那你为什么不早说？"

这一对话中，如果我们是店里的经理，大概要被服务员的回答急死。很明显，一开始他就不明白经理想要了解的是什么，他按照自己的逻辑顺序回答，使得整个回答颠三倒四，显得很没逻辑。而服务员表达不清楚的原因也是思维力不足，正所谓头脑清晰，才能表达明确。

场景三：小马的白用功。

小马是个用功的孩子，天天挑灯夜战，但是在班上的排名总是不理想。每次考试前，老师问小马复习得怎么样了，小马都不知道如何回答。看了好几遍书，也做了很多题，可是考试时，小马总觉得很多题目是没见过的。只是几百页的教材，他却觉得其中的内容浩如烟海，因此，很多时候，他考试只能凭自己的运气。而周围不少同学，明明平时学习并不怎么努力，但是总是能考得比小马好。

其实，小马之所以努力用功后成绩依然不理想，是因为他学习盲目无重点，即思维力不足。因为不知道重点，所以小马的复习效率很低，而其他同学是有重点地复习，效率高。由此可见，只有有重点地学习复习，你才能很快很好地掌握知识，取得好成绩。要知道，现今社会，"互联网+"时代已经到来了，各种跨界正在发生，专业、行业的边界迅速消融，每个企业最需要的都是具备各种能力的复合型人才，无法快速学习、掌握技能的人，最终只能被时代淘汰。

而且，从以上的典型场景中可以看出，思维力不足常常会导致三种问题：分析时想不明白、表达时说不清楚、学习时效率低下。因此，在"互联网+""大数据"当道的当今社会，我们必须提升自己的思维力，因为优秀的思维力才是现代人避免自己被时代抛弃的必备能力。

什么是系统思维

前面，我们已经分析了提升思维力在现代社会的重要性，而在众多的思维方式中，系统思维格外重要。

那么，什么是系统思维呢？在了解这一问题之前，我们有必要先认识什么是系统。

生物学中的生态系统，是指一个能够自我完善，达到动态平衡的生物链，如：一个池塘。系统一般是可以封闭运作的，可以自我完善，并且能够保持动态平衡的物品集合。

系统思维，顾名思义就是在思考问题时从多个角度出发，不只是关注眼前、就事论事,而是将达到的结果、实现该结果的过程、过程优化以及对未来的影响等一系列问题作为一个系统和整体来进行研究。

系统思维考验的是一种逻辑抽象能力,我们也将其称为整体观、全局观。

系统思维是指以系统论为思维基本模式的思维形态,它不同于创造思维或形象思维等本能思维形态。系统思维能极大地简化人们对事物的认知,给我们带来整体观。

按照历史时期来划分,可以把系统思维方式的演变区分为四个不同的发展阶段:古代整体系统思维方式——近代机械系统思维方式——辩证系统思维方式——现代复杂系统思维方式。

《易经》是最古老的系统思维方法,建立了最早的模型与演绎方法,《周易》成为中医学的整体观与器官机能整合的理论基础,在古代希腊则有非加和性整体概念,但西医以分解和还原论方法占主导地位,现代西方心身医学 "社会-心理-生物" 综合医学模式的兴起,开启了中西医学又一轮对话,并促进了系统医学与系统生物科学在世纪之交的发展。

系统思维方式的客观依据,乃是物质存在的普遍方式和属性,思维的系统性与客体的系统性是一致的。现代思维方式特别是系统思维方式,主要以整体性、结构性、立体性、动态性、综合性等特点见长。

1.整体性

客观事物的整体性决定了系统思维的整体性,因此,系统思维的基本特征之一就是整体性,它不仅存在于系统思维的始终,也体现在其思维成果中。

整体对应部分,整体与部分密不可分。整体的属性和功能是部分按一定方式相互作用、相互联系所产生的。而整体也正是依据这种相互联系、相互作用的方式对部分进行支配。

2.结构性

系统思维方式的结构性,指的是以系统科学的结构理论来指导思维,强调的是从结构上去认识系统的整体功能,并从中寻找系统最优结构,进而获得最佳系统功能。系统结构是与系统功能紧密相连的,结构是系统功能的内部表征,功能是系统结构的外部表现。因此,在一定要素的前提下,有什么样的结构就有什么样的功能。

3.立体性

系统思维方式要求我们运用开放的思维,开放思维不是平面的,而是立体的,它的参照体系是纵横交错的现代知识体系,而思维对象就处于这类体系的交叉点上。在思维的具体过程中,系统思维方式把思维客体作为系统整体来思考,且注重纵向和横向比较,即不但注意思维对象与其他客体的横向联系,又能认识到思维对象的纵向发展,从全局把握思维对象。

4.动态性

系统的稳定是相对的。但无论是它的生成、发展还是灭亡,都有其过程,因此,系统内部各个要素之间的联系及系统与外部环境之间的联系都不是静态的,是随着时间不断变化的,这种变化主要体现在两个方面。

一是系统内部诸要素的结构及其分布位置不是固定不变的,而是随时间不断变化的;二是系统是开放的,系统会与周围环境进行物质、能量、信息的交换活动。因此,系统处于稳定状态,并不是讲系统没有什么变化,而是说系统始终处于动态之中,处在不断演化之中。

5.综合性

"综合"原本指的是思维的一个方面,任何人的思维都包含着综合和与综合相关的因素,但系统思维的综合性与这种综合不同,它不是机械的、线性的综合,而是一种更为高级的综合。它主要有两个方面的含义。

一是任何系统整体都是这些或那些要素为特定目的而构成的综合体;二是任何系统整体的研究,都必须对它的成分、层次、结构、功能、内外联系方式的立体网络进行全面、综合的考察,才能从多侧面、多因果、多功能、多效益上把握系统整体。

系统思维方式的综合已经是非线性的综合,是从"部分相加等于整体"上升到"整体大于部分相加之和"的综合，它对于分析由多因素、多变量、多输入、多输出组成的复杂系统的整体是行之有效的。

系统思维方式的综合，要求人们在考察对象时要从它纵横交错的各个方面的关系和联系出发，从整体上综合地把握对象。

运用系统思维方式综合地考察和处理问题，是现代化经济、科学发展的客观要求。无论是传统的农业，还是信息产业、宇宙工业、海洋开发等新兴产业，都将成为应用系统科学理论对单科单项技术进行综合配套和综合调控的产物。

总之，现代科学技术的发展要求人们不断揭示不同物质运动形式内在的共同属性与共同规律，这就要求人们采用系统思维的综合方法。

系统思维与常见思维的关系

人类自从进化为"人"以来，就一直在思考，而且思维力也是人领先于其他动物的根本特征之一。

但如今各种思维相关的名词层出不穷，给我们的学习带来了不少困扰，甚至我们可能被误导了，自己还不知道。目前，人类最底层的思维方式其实只有4种：第一种是发散思维，第二种是水平思维，第三种是收敛思维，第四种是系统思维。其他的互联网思维、产品思维等，其实都只是具体的策略方法，就如同"孙子兵法"里的36计一样。

第一种发散思维，是指大脑天马行空、四处发散的一种思维模式，你胡思乱想时的状态基本就是发散思维。所谓思维导图、创新思维、发散联想等都属于发散思维。

系统思维与发散思维之间是包含的关系，而非对立的，或是交叉的关系，后者是前者的组成部分。当没有现成的反映事物系统的框架而需要构建全新的框架时，就需要调动发散思维进行广泛且充分的思考，寻找更多能解决问题的方法，再通过筛选和归纳分组构建一个新的框架，用于后续的思考和表达。

还有一种情况，那就是虽然存在现成的框架，但并不合适，需要改善时，也需要调用发散思维，以此跳出现有框架，寻求其他更具突破性和创新性的解决方法，这样，才能建立更为合适的框架，也有助于后续的思考和表达。

第二种水平思维，是指从多个方面看待同一个事物的思维方式，一件事情，我们既要看到其好的地方，又要看到不好的地方，这就是水平思维的一种典型方式。六顶思考帽、批判性思维、逆向思考都属于水平思维。

比如，水平思维中最重要的思考方法——逆向思考，就是一种站在事物的对面去思考的方法，这也是在改善框架时的常用方法之一。

第三种收敛思维,是一种类似漩涡,将四周零散的点聚焦的思维方式,归纳和演绎是收敛思考仅有的两种思考方式。提及比较多的金字塔原理、结构化思维等就属于收敛思维。

第四种是系统思维。前三种思维在使用时都有很大的局限性,而系统思维建立在系统理论的基础上,是到目前为止人类掌握的最高级的思维模式,也是我们最该花时间掌握和学习的。当我们掌握了系统思维,我们就能轻松发现问题的本质,就能更高效地处理手头工作和解决问题。

系统思维以"框架"为核心,在构建框架的过程中涵盖了发散思维、收敛思维和水平思维中的所有思考方法。换言之,你可以理解为系统思维完全包含了其他三种思维。

系统思维的四种方法

在分析这一问题之前,我们先来看看"盲人摸象"的故事。

以前,有四个关系很好的盲人,他们各自认为自己是聪明的人,人们也因此用看聪明人的眼光看他们。

一天,四个盲人在道路旁边站立着聊天,忽然有脚步声传来,他们向旁人询问,知道那是大象。

其中一个人说:"大象的形状到底是什么样子的,我们这种人以前只能主观想象，现在可以实际体验，深入了解了。"众人都说："好。"

于是，他们依次来到象的面前，通过摸它的身体来推测它的形状。

一个盲人高而伟岸，站在象的旁边，摸它的身体，上下左右，差不多摸遍全身，觉得一片都是平整宽广的样子；一个盲人又矮又小，只能摸象的脚；第三个盲人握着象的鼻子；第四个盲人只摸了象的牙齿。

之后，他们各自说出了象的形状。

又高又伟岸的人说："象的外型大概像墙，宽广而平坦，非常高大。"

矮小的人上前反驳他说："象的身体像树干。你认为像墙，不是错误的吗？"

第三个人说："象的外貌，不是墙，不是树，而是水管。"

第四个人上前说："你们三个多么卖弄自己的意见，但比喻得也不像。象，它像玉一样润泽，手摸上去（感觉）可爱，只不过（像）一根长棍罢了。"

四个人你一句我一句，争论不停，引得旁观的人哈哈大笑。

盲人摸象的故事我们在很小的时候就已经听过了，很多时候被我们当成笑话来听，其实，这类以偏概全的故事所讲的就是缺乏系统思维。系统思维是一种逻辑抽象能力，简单来说，就是对事情进行全面思考，不只就事论事。

生活中，人们在评论一个人、一部电视剧或一种社会现象时，往往因为缺乏系统思维，只看到局部而武断下结论，造成了片面性。

比如，俄国著名的大文豪普希金狂热地爱上了被称为"莫斯科第一美人"的娜坦丽，并且和她结了婚。娜坦丽美貌惊人，但与普希金志不同道不合。当普希金每次把写好的诗读给她听时，她总是捂着耳朵说："不要听！不要听！"相反，她总是要普希金陪她游乐，出席一些豪华的晚会、舞会，普希金为此丢下创作，弄得债台高筑，最后还为她决斗而死，一颗文学巨星就此过早地陨落。

在普希金看来，一个漂亮的女人也必然有非凡的智慧和高贵的品格，然而，事实并非如此，普希金在思维上犯的错就是以偏概全。人身上本没有光环，光环是被周围人加上的，光环加足了，平凡人也会成为神。

又如，曾经有一个英国人，他第一次来到法国的加来登，看到两个长着红色头发的法国人，便认为：原来法国人都是长着红头发的。

再如，生活中，一些人在和某个来自某地的人打交道时被骗，就可能会认为这个地方的人都是骗子。

我们对一个人或一件事过分执着，就会在无意识中只关注甚至扩大对方的优点或缺点，以至于看不清事物的本质。此时，我们的判断一般都是非理智的，常常让我们产生以貌取人、以偏概全的错误行为，因而产生事后的困惑、后悔。所以，要避免它的发生，就一定要确保自己深入地了解了对方，且不宜轻易下论断。

心理学家桑戴克做过这样一个实验。他让被试者看一些照片，照片上的人有的很有魅力，有的毫无魅力，有的魅力中等，然后让被试者去评定这些人。结果表明，被试者给有魅力的人赋予更多理想的人格特征，如和蔼、沉着、好交际等。

最典型的例子就是当我们看到某个明星被媒体曝光出一些丑闻时，总是很惊讶，而事实上，我们心中这个明星的形象根本就是他在银幕或媒体上展现给我们的那样，他真实的人格我们是不得而知的。

综合来看，缺乏系统性思维会造成一些误区，比如：

（1）使我们只能抓住事物的个别特征，习惯以个别推及一般，就像盲人摸象一样，以点代面。

（2）使我们说好就全肯定，说坏就全否定，这是一种受主观偏见支配的绝对化倾向。

（3）使我们把并无内在联系的一些个性或外貌特征联系在一起，断言有这种特征必然会有另一种特征。

正如歌德所说："人们见到的，正是他们知道的。"日常生活中，很多时候，我们对人的知觉、评价都受到我们自身认识的影响，我们喜爱一个人的某个特征，就喜欢整个人，进而从喜爱他这个人泛化到喜爱与他有关的一切事物。这就是所谓的"爱屋及乌"。相反，如果不喜欢某个人、某件事，负面看法就会波及其周围。为此，我们在谈话时，最好避免以偏概全，应从多角度和多渠道进行了解。

为了避免类似"盲人摸象"的错误，我们有必要运用系统思维来思考。以下是系统思维的几种思考方法。

1.整体法

整体法思考就是在分析和解决某个问题的过程中，始终从整体考虑，而不是部分，绝不让任何部分的东西凌驾于整体之上。

这一思维方法要求我们将思考问题的方向对准全局与整体，如果我们做不到，那么，无论是在宏观或者微观方面，都会受到损害。

2.结构法

利用系统思维时，需要注意系统内部结构的合理性，因为系统中各部分之间的组合是否合理，对系统有很大影响。这就是系统中的结构问题。好的结构，是指组成系统的各部分间组织合理、有机地联系在一起。

3.要素法

每一个系统都是由各种各样的因素组成的，这些具备重要意义的因素就是构成要素。要使整个系统正常运转并发挥最好的作用或处于最佳状态，必须对各要素考察周全和充分，并让各个要素发挥其作用。

4.功能法

功能法是指为了使一个系统呈现出最佳态势，从大局出发来调整或是改变系统内部各部分的功能与作用。在此过程中，也许是让所有部分都朝着积极的方向改变来让系统的状态更佳，也可能是为了整个系统的利益必须降低某个部分的功能。

解决问题，先要抓住事情本质

日常生活中，我们接触到事物的第一器官通常是眼睛，人们常说"耳听为虚，眼见为实"，但事实上，肉眼看到的也并非是事物的全部，因为事物的表象往往具有迷惑作用。要想拨开迷雾，你就要善于思考，要运用系统思维，因为它更全面、彻底，能帮你摆脱对感性材料的依赖。

可见，我们任何一个人，要想练就看清事物本质的能力，就不能做思想上的懒汉；不要自己还没有动脑筋想一想，就匆忙下决定、作决策，也不要遇事不经过自己的脑筋考虑，就把

> 系统思维

人家的意见或书本上的东西拿来当作理论根据，或者当结论。

曾经有两个人，他们一起出差。这天，完成工作任务的他们分头在大街上闲逛，其中一个人看见路边有一个老妇在卖一只黑色的铁猫，细心的他发现，这只铁猫的眼睛很特别，应该是宝石做的，于是，他询问老妇能不能用一整只铁猫的价钱来买一双眼睛。老妇虽然不大高兴，但最终还是同意了，把这只铁猫的眼珠子取出来卖给了他。

回到宾馆以后，他迫不及待地把自己的经历告诉了同伴。同伴听完后，问清楚了事情的前因后果，然后问他老妇在哪里，说自己想买剩下的那只铁猫。

于是，他便把地点告诉了同伴，同伴拿了钱立即就去寻老妇了，不一会儿，他把铁猫抱了回来。他说，既然这只铁猫的眼睛是宝石做成的，那么，这只铁猫的猫身肯定也价值不菲。于是，他拿起铁锤往铁猫身上敲，铁屑掉落后，他发现铁猫的内部竟然是用黄金铸成的。

这里，我们不得不佩服这个最后买走缺了眼睛的铁猫的人，他的思维是独特的。的确，既然猫的眼睛是宝石做的，那么，它的身体肯定不会是铁。这种思维方法正是逆向思维法。

生活中，有些事情看似不可思议，复杂难解，但只要我们跳出片面的思维习惯，抓住问题的实质，就会得出异乎寻常的答案。

不得不说，头脑是一切竞争的核心，它不仅会催生出创意，指导实施，更会在根本上决定成功。因此，你如果想改变自己的状况，获得进步，那么，首先要从改变思维开始。而我们在寻找解决方法时，往往把事情考虑得过于复杂，其实事情本质是很单纯的。表面看上去很复杂的事情，其实也是由若干简单因素组合而成的。

同样，运用灵活的思维模式，你会发现，在第三产业逐渐发达的今天，只要感觉敏锐，并能有的放矢地解决问题，那么，即使没有足够的物质后盾，你也能成功，也能获得财富。

日本有一家S&B公司，生产的产品是咖喱粉。一段时间以来，这家公司的产品滞销，公司的经理一个个都"下了课"，连续换了三任经理。受命于危难之中，第四任经理田中走马上任。很快，他意识到公司产品卖不出去的原因是顾客对S&B公司牌子很陌生，很难注意到有这种产品。由于没有足够的资金，大量做广告是不现实的，但是如果不拼死一搏去做广告，那也无异于坐以待毙。

经理田中终于想出了一个巧妙的方法……

几天之后，日本的几家大报刊登出了这样一条广告：

S&B公司专门生产优质的咖喱粉，为了提高产品的知名度，今决定雇数架直升飞机到白雪皑皑的富士山顶，然后把咖喱粉撒在山上。从此以后，我们看到的将不是白色的富士山，而只能看到咖喱粉的颜色了……

在日本，富士山是一大名胜，不仅在日本人心目中，在世界人的心目中，富士山都是日本的象征。在这样的地方，居然有公司胆敢撒咖喱粉？

S&B公司的广告刚刚刊出，国内舆论一片哗然。很多人都知道这是S&B公司故弄玄虚，但还是对此难以忍受，纷纷指责S&B公司。本来名不见经传的S&B公司，连续好多天在报纸、电视、电台等各种新闻媒体上成为大家攻击的对象。

在一片声讨声中，S&B公司名声大振。就在S&B公司广告中所说的在富士山撒咖喱粉的日子前一天，原先发表过S&B公司广告的报纸都刊登出了S&B公司的郑重声明：

鉴于社会各界的强烈反应，本公司决定取消原来在富士山顶撒咖喱粉的计划。

看到此声明后，反对的人们欢庆自己的胜利，田中和S&B公司的员工们也在欢庆他们的胜利。经过这样一番折腾，全日本的人都知道有一家生产咖喱粉的公司叫S&B公司，并且错误地认为这家公司是一家实力超群、财大气粗的公司。很多小商小贩纷纷投入S&B公司的门下，大力推销S&B公司的咖喱粉，

S&B公司的咖喱粉一时间成了畅销产品。

这里，我们不得不佩服这位经理的智谋，在接手这家公司后，他很快全面思考、认识到问题的实质在于公司知名度不高，而且在广告费不充足的情况下，他一反正常思维，决定在富士山上撒咖喱粉，最终，这家公司名声大振。

从这个案例中，我们看到了系统思维的力量。为此，我们每个人都应该锻炼自己的头脑，扩展自己的眼光和思维。因为这是一个脑力制胜的年代，谁的想法更高明、更有效，谁就更容易提升自己的价值，获得财富的垂青。

第02章
明晰关键,常见思维类型在系统思维中的运用

前面,我们已经指出常见的思维模式,如逆向思维、水平思维、发散思维等与系统思维都不是对立的,而是隶属关系,而且我们在运用系统思维解决问题时,依然要灵活运用这些常见思维方式,这样,我们才能把握全局、精准定位、找到问题的关键点,进而成功解决问题。那么,具体如何运用呢?带着这些问题,我们进入本章的学习。

> 系统思维

SMART 原则：精准定位目标才能有的放矢

生活中，我们任何人都知道制订目标对于行为的重要性，但有时候，我们会产生疑问：为什么我的目标如此难以实现呢？其实，问题是你的目标制订得不合理。只有遵循一定规律，目标实现起来才更容易！在销售界，有个著名的思考原则——SMART原则，它对于目标的制订有很好的指导作用！

管理大师彼得·德鲁克早年经历的一件事：

1944年，彼得·德鲁克任职于通用汽车公司，主要负责研究公司的管理政策和管理结构。时任通用汽车公司CEO的斯隆对他说："我不知道我们要你研究什么，要你写什么，也不知道结果是怎样的，这些都是你的职责，我唯一的要求是，我希望你能写你认为正确的东西，你不用顾及我们，也不用怕我们不同意，最重要的是，你不必为了使你的建议容易为我们接受而折中。在我们公司，人人都会折中，根本不必劳驾你来指出。你当然可以折中，不过，你必须先告诉我们什么是正确的，我们才能有正确的折中。"

斯隆的这句话大概是对工作目标最经典的界定。在任何行业内，可能你会对新业务的发展规律不清楚，但不可以对目标不清楚。作为管理者，将自己都不清楚的事毫无原则地甩给员工去做，是不负责任的表现。

的确，有时候，因对业务的发展规律不了解，对市场的前景也无法预测，有太多的变动因素，所以，制订目标并非易事。而此时，如果我们能遵循SMART原则，目标的制订就会变得明朗很多。那么，什么是SMART原则呢？

1.S—Specific：目标要具体，不可笼统抽象

目标必须是具体的。明确自己要完成什么样的任务，比如，按照客户的要求，我们的业务目标是什么？会有什么样的产出？为了达到这样的目标，我们要具体采取什么措施？在实现这一目标的过程中，与协作者是否已经达成了共识？

2.M—Measurable：目标要量化，可以量度

目标应该是可衡量的，也就是可以用尽量明确的数字加以描述，比如，对日期、次品率、利润等的描述是否准确？如何能知道团队或个人是否达到了目标？如何检查他们的工作进展情况和工作结果？

3.A—Attainable：目标要具可达性，太高达不到反而失去了意义

目标是可实现的。要考虑到为了达到这个目标需要付出哪

些努力，团队和个人是否有信心经过努力实现目标，阻碍团队或个人达到目标的障碍是什么，潜在的障碍或阻力是什么，为了达到目标，团队或个人需要什么样的资源，有现成的资源吗……

4.R—Relevant：目标要有相关性

目标应是具有相关性的。目标是否与业务目标直接相关？团队或个人是否明白，达到目标会对实现企业经营目标产生什么影响？目标是否解决了客户的需求问题？目标是否与个人的工作描述和职责相联系？

曾有个令人哭笑不得的案例，20世纪70年代，为了消灭老鼠，有些地区将目标定为：每人交老鼠尾巴若干。这个目标十分明确，但是流程简单、考核方向错误，结果，在社会上竟然出现了专门饲养老鼠并转让老鼠尾巴的行业，制订的目标与终极目的脱钩，导致老鼠反而越来越多。

在企业中类似现象也可能存在，如把培训年目标定为人均××学时、公司人均利润为××万元。如果对这些指标的界定不够清楚明确，可能会导致目标达到了，但目的却未实现。

5.T—Time-bound：目标要有时限，即什么时候要达成

目标必须是有时限的。要达成目标需要多少时间？目标必须什么时候完成？为了达到最终的目标，团队中每个人的截止时间是何时？与目标相关的那些人员是否有时间完成他们各自

的目标？

是否目标设好了，行动计划也制订好了，任务就算完成了？其实不然，事情才刚刚开始，你还需要准确运用这一原则，请考虑下面的目标是否符合SMART原则：

（1）加强公司售后服务质量的提升，在第三季度到来前争取做到零投诉。

（2）改进打印设备和提高安装部门的工作效率，从2021年第四季度到2022年第四季度使周期时间缩短5%。

（3）对公司产品的生产基地进行一些自动化改造，以最大额度为10万元的预算在第三季度结束前完成这个项目。

上述的（1）目标不够具体，不可衡量，（2）的目标是具体可衡量的，也是有时限的，如能保证实现且可与其他业务目标相关联，就是好目标。（3）的目标中提到了时限，提到了项目预算，但对基准界定得不清楚，目标不够具体，不可衡量。

如果我们能正确运用SMART原则制订目标，按照目标定期行动，并坚持不懈，就一定能提升我们的思维能力和工作效率！

逆向思维：反转大脑，求新求异

前面我们已经提及，常见的思维方法——水平思维隶属于系统思维，而逆向思考是水平思维中最重要的思考方法。所谓逆向思维，也称求异思维，它是对司空见惯的、似乎已成定论的事物或观点反过来思考的一种思维方式。敢于"反其道而思之"，让思维向对立面的方向发展，从问题的相反面深入地进行探索，树立新思想，创立新形象。

我们都知道，人一旦形成了某种认知，就会习惯性地顺着这种思维定势去思考问题，习惯性地按老办法想当然地处理问题，不愿也不会转个方向解决问题。这是很多人拥有的一种愚顽的"难治之症"，且他们的共同特点是习惯于守旧，迷信盲从，所思所行都是唯上、唯书、唯经验，不敢越雷池一步。而要使问题真正得到解决，往往要废除这种认知，将大脑"反转"过来。

因此，生活中的人们，你必须学会反转你的大脑、破除旧有思维的限制。

一次，德国大诗人歌德在公园散步时，在一条窄得仅容一人通过的小路上，碰见一位把他的所有作品都贬得一文不值的批评家。

两个人面对面站着，批评家出言不逊："我从来不给蠢货让路！"

"我却正好相反！"歌德微笑着站到了一边。

批评家原想讥笑一下歌德，结果搬起石头砸了自己的脚。歌德所运用的这种思考方法就是我们所说的逆向思维方法。

生活中，我们也要培养自己的这种思维方式，要知道，思维决定一个人的人生路途。不同的人，选择不同的思维方式，自然他们脚下的路就不一样。善于改变自己的思维，不按照常理去想问题，就会取得非同一般的成效。有时候，当你处于某种自以为不可能的情况下时，如果能从反方向思考的话，或许你就会豁然开朗。

的确，生活中，人们似乎都习惯了以顺向思维来思考问题，而这种思维方式，很多时候会把我们的思绪带入死胡同，于是，就产生了"不可能"，但如果我们把思维调头，就会发现，从反方向出发思考，问题变得如此简单。

换一种思维，就可以从另外一个方面判断问题，从而把不利变为有利。换一种思维方式，把问题倒过来看，不但能使你在工作上找到峰回路转的契机，还能使你找到生活上的快乐。

逆向思维有以下三大类型。

1.反转型逆向思维法

这种方法是指从已知事物的相反方向进行思考，产生发明构思的途径。常常从事物的功能、结构、因果关系等三个方面进行反向思考。

2.转换型逆向思维法

这是指在研究某一问题时，由于解决该问题的常规手段受阻，而转换成另一种手段，或转换思考角度思考，以使问题顺利解决的思维方法。如历史上被传为佳话的司马光砸缸救落水儿童的故事，实质上就是一个用转换型逆向思维法的例子。由于司马光不能通过爬进缸中救人的手段解决问题，因而他就转换为另一手段，砸缸救人，进而顺利地解决了问题。

3.缺点逆向思维法

这是一种利用事物的缺点，将缺点变为可利用的东西，化被动为主动，化不利为有利的思维发明方法。这种方法并不以克服事物的缺点为目的，相反，它是将缺点化弊为利，从而找到解决方法。如金属腐蚀是一种坏事，但人们利用金属腐蚀原理进行金属粉末的生产，或进行电镀等，这无疑是缺点逆向思维法的一种应用。

发散思维：由点到面扩展思维空间

前面，我们提及发散思维与系统思维是包含的关系，发散思维是系统思维的组成部分。因此，我们在构建框架时如果没有现成的系统，就需要运用发散思维，进而达到解决问题的目的。

的确，人们常说："风马牛不相及。"这个词语形容两个完全不相关的事物。然而，人们之所以认为某两个事物之间不存在联系，是因为他们没有运用联想思维，也就是说，只要我们开发自己的大脑，敢于联想，就会产生"风马牛也相及"的效果。这一点，在发明创造中极为重要。

我们不妨先来看下面这个故事：

1914年，第一次世界大战爆发，战火很快蔓延到整个欧洲，很多新式武器被运用到战争中，一时间生灵涂炭，很多士兵受伤，然后被运送到战场后方。

这天，法国有个叫亚德里安的将军去后方看望伤残战士，其间他听到一位受伤的战士讲述自己是怎样让自己幸免于难的，他从中深受启发。原来这位小战士十分机敏，当德国兵对他们进行狂轰滥炸时，他正在厨房值班，情急之下，他拿起铁锅盖到了自己的头上，就这样，在其他战友伤亡惨重的情况下，他只是受了点儿轻伤。

亚德里安马上联想到，如果战场上的每个士兵也能戴着这样一个类似铁锅的东西，那么，伤亡不就大大减轻了吗？

于是，他立即成立了一个小组对这种东西进行研究。第一代钢盔就这样诞生了，并在当年装备了部队。据统计，在第一次世界大战中，世界各国的军队由于装备了钢盔，使几十万人幸免于难。

亚德里安由铁锅扣头能防炮弹,提出制造钢盔。这就是联想思维的结果。

我们再看下一个战例:

1944年4月,第二次世界大战已经进入了决定性的阶段,当时的苏军准备歼灭驻扎在彼列科普的德寇,解放克里米亚半岛。4月6日,本已进入春季的彼列科普却突然下起了大雪,整个彼列科普被皑皑白雪覆盖。

这天,在暖融融的掩蔽体里,苏集团军炮兵司令看到刚进来的参谋长的肩膀上落下了一层雪花,而这些雪花在暖和的室内,开始慢慢融化。

这时,司令员突然灵光一闪:天气转暖,敌军掩体内的积雪也将融化;为了避免泥泞,他们肯定要清除掩体内的积雪,这样其兵力部署肯定会暴露。于是,司令员立即下令,对德军阵地进行连续侦察和航空摄像。就这样,苏军只花了三个多小时的时间,就从敌军前沿阵地积雪出现湿土的情况中,推断出敌人的兵力部署。苏军立即调整了进攻力量,一举突破防线,解放了克里米亚半岛。

从以上两个故事中,我们发现,联想在战场上能帮助指战员取得胜利。表面上看,"锅盖"和"战争"有关系吗?"雪花"和"战争"有关系吗?都没有!但联想思维的运用,却巧妙地将它们联系在了一起。

另外,在语言表达中,如果我们能思维发散、善加联想,也能达到令人惊奇的效果。

亨利·摩登·罗宾先生为《你的生活》杂志写了一篇有趣的文章——《律师如何胜诉》。

在这篇文章中,有一位名叫亚伯·胡莫的保险公司律师。在接手公司的一起伤害诉讼时,他巧妙地运用了戏剧性的展示表演。

原告波士特魏先生说,他因为在电梯摔倒,从楼上滚到楼下,感觉肩膀严重受伤,现在都无法举起自己的右臂了。

胡莫表现出一副很关心的样子,然后充满信心地说:"现在,波士特魏先生,请让陪审团看看,你大概能将手臂举到多高。"波士特魏按照他的话去做,然后十分小心地将手臂举到了耳边。谁知道,接下来,胡莫说:"现在再让我们看看,受伤前,你能把它举多高?"胡莫明显是在怂恿他。"像这样高。"波士特魏说着马上伸直了手臂,把胳膊举到超过肩膀的高度。

这里，亚伯·胡莫是聪明的，在法庭上，面对原告的无理诉讼，他并没有费尽唇舌地辩驳，而只是让原告参与到了一场"游戏"中，所有问题就迎刃而解。

很多时候，几个看似没有关联的事物在经过我们的联想后，就能产生"风马牛也相及"的效果。同样，对于生活中的我们来说，只要敢于联想、扩展思维空间，你就能将几个看似不相关的事物整合到一起，做出与众不同的成绩，甚至在未来，你也能成为一个极具创造力的发明者，推动时代的进步。

聚合思维：直击问题的症结

生活中的人们，相信学生时代的你在考试时都会遇到这样的问题：在做选择题的时候，给出的答案选项往往都具有迷惑性，你常常陷入困惑，不知道究竟应该选择哪个答案。此时，你如果能运用聚合思维，就能直击问题的症结，找到最佳答案。其实，你在学校里参与的学习、考试，大都是靠聚合思维进行的，即是说，你成绩的优劣，与你的聚合思维水平密切相关。

那么，什么是聚合思维呢？

聚合思维是指从已知信息中产生逻辑结论，从现成资料中寻求正确答案的一种有方向、有范围、有条理的收敛性思维方式，与发散思维相对应。聚合思维法又称求同思维法、集中思维法、辐合思维法和同一思维法等。聚合思维法是把广阔的思路聚集成一个焦点的方法，也是从不同来源、不同材料、不同层次探求出一个正确答案的思维方法。因此，聚合思维对于从众多可能性的结果中迅速作出判断、得出结论是最重要的。

因此，生活中的人们，如果你遇到了问题，那么，对于手中掌握的多个相关素材，你也要学会利用聚合思维，找到相关要素，或并列，或正反，或层进，以便在运用素材时能产生"合力"。

1960年，英国某农场主为了节省农场动物的饲料，低价购进了一批发霉的花生，结果农场的火鸡和小鸭都死了。

不久，我国某研究单位和一些农民用发霉花生长期喂养鸡和猪等家畜，也产生了上述结果。

1963年，澳大利亚又有人因为给大白鼠、鱼、雪貂等动物喂发霉的花生而导致这些动物死亡。

从以上这些现象和资料中，研究人员得出结论：在不同地区，给不同种类的动物喂养发霉花生后，这些动物都患了癌症，因此，发霉花生是致癌物。后来，又经过研究发现：发霉花生内含有黄曲霉素，而黄曲霉素正是致癌物质，这就是聚合思维法的运用。

当然，你如果有兴趣再进一步发散思考的话，你还会想下去，比如，既然黄曲霉素是致癌物质，那么，凡是含有黄曲霉素的食物也都是致癌物。除发霉花生含有黄曲霉素外，还有哪些食物含有黄曲霉素呢？

聚合思维法是人们在解决问题的过程中经常使用的思维方法。例如，科学家在科学试验中，要从已知的各种资料、数据和信息中归纳出科学的结论；企事业的合理化改革，要从许许多多方案中选取出最佳方案；公安人员破案时，要从各种迹象、各类被怀疑人员中发现作案人和作案事实等。由此可知，聚合思维法是我们应该掌握的有效方法。

当然，你在应用聚合思维方法时，一般要注意三个步骤。

第一步是收集掌握各种有关信息。利用各种方法和途径，收集和掌握与思维目标有关的信息，而资料信息越多越好，这是选用聚合思维的前提，有了这个前提，才有可能得出正确结论。

第二步是对掌握的各种信息进行分析清理和筛选。这是聚合思维的关键步骤。通过对所收集到的各种资料进行分析，区分出它们与思维目标的相关程度，以便把重要的信息保留下来，把无关的或关系不大的信息淘汰。经过清理和选择后，还要对各种相关信息进行抽象、概括、比较、归纳，从而找出它们的共同特性和本质。

第三步是客观地、实事求是地得出科学结论，获得思维目标。

总之，在运用聚合思维时，遵循以上三个步骤，一定能帮你找到问题的症结，从而有的放矢地解决问题。

收敛思维：系统思维的核心部分

前面，我们已经提到了聚合思维，聚合思维又叫收敛思维。收敛是系统思维的核心部分，因为人类的思维发散到了一定程度，就要进行收敛，进行比较和综合，只有这样，你才能找到思维的突破口。

通常来说，人们强调的都是在思考的过程中要注意发散思维（求异思维）的运用，求异思维表现为"以一趋多"，求同思维表现为"以多趋一"，也就是思维主体把从不同渠道得到的各种信息聚合起来，重新加以组织，使之明确无误地指向一个（或一种）正确的选择。

不得不承认的是，无论是学习还是创造，发散思维都是必不可少的，然而，光靠发散思维是不够的，因为一味发散，不知收束，必然导致四面出兵、兵力分散的局面。因此，在发散的基础上要有所收束、有所集中，以使作者的思考力集中在一个方向上进行突破，从而使构思得以深化。例如，秦牧的散文《土地》，尽情发散，引用古今中外许多材料，看起来形散，但是文章以"要珍惜和热爱自己的土地"这一主题,把材料统摄起来,这个神聚就是收敛思维的结果。

这里,我们应该能看出收敛思维的与众不同之处了。它具体体现在以下三点。

第一是概括性。平时我们开会时,会议的主持者会根据大家的发言将议题和意见集中起来,将众多不同的见解加以综合,就是收敛思维的概括性。

第二是程序性。收敛性思维解决的是如何按照步骤去解决问题,比如,先做什么,后做什么,一步接着一步,能使问题的解决有章可循。

第三是比较性。就是以一个目标为其归宿,即在现有的几种途径、方案和措施中,通过比较,找到最佳途径、方案和措施。

那么,怎样才能学会巧妙地运用收敛思维呢?我们不妨先做下面的训练:

(1)国外有一家烟草公司,试制了一种新型号卷烟,命名为"环球牌",正准备大张旗鼓推出的时候,却逢全国性的反对吸烟运动。"宣传香烟"与"禁烟运动"是截然相反的两回事。为了打响自己的香烟品牌,而又不与当前的戒烟浪潮相冲突,就必须把矛盾的两件事联系起来,找出其共同点。请你运用收敛思维,拟一条广告,不超过20字。

（3）生命是什么？请用形象的比喻来说明这个问题，也就是说，把你所理解的生命同一个具体的事物作一番求同类比，注意二者的相似性。

（3）我们的班级怎么样？请用比喻的方式来描述它的特征。

（4）"大排、豆腐、学习"是一篇作文的题目，试找出它们三者之间的内在联系，用简洁的文字加以表述。

参考答案或提示：

（1）禁止吸烟，连环球牌也不例外。

（2）生命如同烹调菜肴一样，菜肴的味道完全取决于调料和你的烹调技巧，你可以按照固定不变的食谱来烹调，也可以自己随意发挥。或：生命如同一串散乱的念珠，随便你怎么串连组合，都能够变得五光十色。或：生命如同一只顽皮的卷毛狗，不断地在充满防火栓的街道上寻寻觅觅。或：生命是一座你不想找到出口的迷宫。

（3）我们的班级就像古代的一艘木船，有的人用尽全力划桨，有的人则半心半意划桨，还有些人袖手旁观，根本不划船，不少人随时准备跳水游到别的船上去。我们的船长则是根据船后面的航迹来掌握方向。

（4）大排、豆腐对人体都有营养，不可偏废。学生的学习也不可过早偏科，而应全面而扎实地打好学习基础。

的确，发散思维和收敛性思维各有其优缺点，在思维过程中它们是相辅相成、互相补充的。如果只有思维的发散过程，而无收敛过程，尽管可以爆发出许多思维创造的闪光、智慧的火花，但由于不能统一起来，不能形成集中的思维力量，会使思维失去控制而陷入无序状态。思维发散无边，就会成为幻想、空想、乱想。实际上，人的思维发散到一定程度，就要收敛一下，进行比较，寻找较好的问题解决方案，然后在新的基础上再进行发散，进而在更高的层次上再收敛。

总而言之，我们能总结出收敛思维的与众不同之处：在系统思维过程中，如果发散不以收敛为前提，思维就不会获得成果。

归纳演绎推理法：助你形成全局思考的习惯

在前面的章节中，我们已经提及，系统思维一定要有全面考虑和分析问题的能力，而这种能力，我们可以从归纳演绎推理法的训练中获得。所谓归纳推理，是指从个别性的前提出发，通过感官的观察和经验的推理，得出一个具有或然性的一般结论的过程。而且，从整个认识范围来看，它其实属于逻辑思维的一种形式。

对于归纳推理法，我们可以根据前提中是否考察了一类事物的全部对象，将归纳推理分成完全归纳推理和不完全归纳推理。完全归纳推理是根据某类事物中每一对象都具有某种属性，推出该类事物对象都具有某种属性的推理。不完全归纳推理是根据一类事物中的部分对象具有某种属性，推出该类事物对象都具有某种属性的推理。下面我们就这两种归纳推理的形式进行介绍。

1.完全归纳推理

完全归纳推理是根据某类事物的每个对象都有某种属性，进而推出该类事物都具有该种属性的推理。它的特点是：在前提中考察了一类事物的全部对象，结论没有超出前提所断定的知识范围。因此，其前提和结论之间的联系是必然的。完全归纳推理一般被用到数量不多的事物身上，如果考察的事物对象很多，那么，这种推理法就不适用了，此时，则需要运用另外一种推理形式，也就是不完全归纳推理。

2.不完全归纳推理

不完全归纳推理是根据某类事物部分对象都具有某种属性，从而推测出该类事物都具有该种属性的推理，其包括简单枚举归纳推理、科学归纳推理。

（1）简单枚举归纳推理是指，在一类事物中，根据已观察到的部分对象都具有某种属性，并且没有出现任何例外，进而推断出该类事物具有该种属性的推理。要提高简单枚举归纳推理的可靠性，必须注意以下两条要求：

①枚举的数量要多，考察的范围要足够广。

②考察有无反例。

另外，人们通常把不注意以上两条要求因而样本过少，结论明显为假的简单枚举归纳推理称为"以偏概全"或"轻率概括"。

（2）科学归纳推理是根据某类事物中部分对象与某种属性间因果联系的分析，推出该类事物具有该种属性的推理，它提倡的是一种面对知识和结论不轻信而加以思考的习惯，这种习惯在资讯发达的时代尤显重要，想想我们的媒体经常给我们传播的一些自相矛盾的"科学知识"，这一点就不难明白了。

科学归纳推理与简单枚举归纳推理相比，有共同点和不同点。

它们的共同点是：都属于不完全归纳推理，前提中都只是考察了一类事物的部分对象，结论则都是对一类事物全体的断定，断定的知识范围超出前提。

它们的不同点是：

①推理根据不同。简单枚举归纳推理仅仅根据已观察到的部分对象都具有某种属性，并且没有遇到任何反例来下结论；科学归纳推理则不是停留在对事物经验的重复上，而是深入进行科学分析，在把握对象与属性之间因果联系的基础上得出结论。

②前提数量对于两者的意义不同。对于简单枚举归纳推理来说,前提中考察的对象数量越多,范围越广,结论就越可靠;对于科学归纳推理来说,前提的数量不具有决定性的意义,只要充分认识对象与属性之间的因果联系,即使前提的数量不多,甚至只有一两个典型事例,也能得到可靠结论。

总之,生活中的人们,在了解了归纳推理法的特点以及几种形式后,相信你一定能更好地把握这种思维方式。

第03章
重在应用,灵活运用思维方法让你成为解决问题的高手

我们都知道,思维是看不见、摸不着的,所以如何判断人与人之间思维的差距呢?一个最简单的方法就是,看一个人解决问题的能力。的确,我们每个人都会遇到各种各样的问题,而且我们唯有掌握事物的运转规律、灵活运用各种思维工具且制订合理的计划和目标,才能提升解决问题的能力,才能真正做到想得明白、说得清楚且做得漂亮。

思维导图法，帮你构建基本框架

在思维过程中，一些人发现，他们因思考的对象过于复杂而无法掌控对象，对此，效率专家推荐我们使用"思维导图法"。"思维导图法"是英国教育家托尼·博赞创建的一种发散性思维方法，它以一种类似于脑神经细胞结构的形式，由中间向四周呈放射状地扩散出去，形成"放射性思考"。我们能将头脑中正在思考的内容，通过这种放射状的形式可视化出来。而在学习中运用思维导图，可以让我们在制作思维导图的过程中，渐渐对本书有个清晰明了的把握和认识。

思维导图运用图文并重的技巧，把各级主题的关系用相互隶属与相关的层级图表现出来，把主题关键词与图像、颜色等建立记忆链接。而且，思维导图充分运用左右脑的机能，利用记忆、阅读、思维的规律，协助人们在科学与艺术、逻辑与想象之间平衡发展，从而开启人类大脑的无限潜能。思维导图因此具有人类思维的强大功能。

思维导图是一种将思维形象化的方法。我们知道，放射性思考是人类大脑的自然思考方式，每一种进入大脑的资料，不论是感觉、记忆或是想法——包括文字、数字、符码、香气、食物、线条、颜色、意象、节奏、音符等，都可以成为一个思考中心，并由此中心向外发散出成千上万的关节点。每一个关节点都代表与中心主题的一个连结，而每一个连结又都可以成为另一个中心主题，再向外发散出成千上万的关节点，呈现出放射性立体结构。而这些关节的连结可以被视为您的记忆，就如同大脑中的神经元一样互相连接，也就成了您的个人数据库。

思维导图又称脑图、心智地图、脑力激荡图、灵感触发图、概念地图、树状图、树枝图或思维地图，是一种图像式思维的工具。思维导图是使用一个中央关键词或想法引起形象化的构造和分类的想法，它用一个中央关键词或想法以辐射线形连接所有的代表字词、想法、任务或其他关联项目的图解方式。

思维导图其实并没有那么难，不是高不可攀的东西，找准方法后多加练习，渐渐就能很好地利用这个工具。

分类和提取关键信息在思维导图中很重要，以整理高中生物必修一的知识点为例，必修一整本书都是围绕着细胞展开，因此，我们就以细胞为中心主题。

围绕细胞这一中心主题，又主要分为细胞成分、细胞结构、细胞代谢和细胞功能四大模块，就把这四大模块作为二级主题。以此类推，把各个知识点分层分级填进思维导图，然后进行一些细化工作，思维导图就完成了。

思维导图除了学习使用，也可应用在其他各个方面，像制订工作计划、做读书笔记等，都可以用思维导图来做。

思维导图已经在全球范围得到广泛应用，新加坡教育部将思维导图列为小学必修科目，大量的500强企业也在学习运用思维导图，中国应用思维导图也有二十多年时间了。

总之，思维导图是一个伟大的发明，不仅可以让你大脑里的资料系统化、图像化，还可以帮助你分析问题，统筹规划。

逻辑树：常见的分析问题的工具之一

众所周知，在解决问题之前，我们要先找出问题的症结，只有这样，才能对症下药。下面，我们要介绍的就是一个非常实用的问题分析方法——逻辑树。麦肯锡分析问题最常使用的工具就是"逻辑树"。逻辑树是将已知问题的所有子问题分层罗列，从最高层开始，并逐步向下扩展和延伸。

逻辑树能保证解决问题过程的完整性，能将工作细分为一些利于操作的部分，能确定各部分的优先顺序，能明确地把责任落实到个人。

逻辑树是所界定的问题与议题之间的纽带，它能在解决问题的小组内建立一种共识。这种方法是：将一个已知的问题当成树干，然后对这个问题进行分层，看看这些问题与哪些相关的子任务有关,每次想到一个部分,就给"这棵树"加一个"树枝",并标明这个"树枝"所代表的问题是什么,一个大的"树枝"上还可以有小的"树枝",如此类推,将问题的所有关联项目都找出来。逻辑树的主要作用是帮你厘清自己的思路,防止问题重复或者多做无关的思考等。那么,我们该如何运用逻辑树来分析问题呢?

以下是我们要知晓的两点:

1.层层展开想问题——"为什么"

在运用逻辑树时,首先可由左至右画出树状图,"思考的主题"可放到最左边的空格中,再思考问题的成因,制作出第一层原因的表格,当第一层原因浮现后,可针对个别原因再深入细究,依次是第二层原因、第三层原因……

由上可知,通过逻辑树的层层推演,可将问题抽丝剥茧,将问题背后的每一个成因探索出来,并且有助于使用者将一些表象化的问题经过严密探索后,从深度和广度上寻找问题的成因。

举个例子,有些女性总是天天喊着减肥,体重却丝毫没有减少。对此我们就可以通过逻辑树的方式,深入分析原因。

如图3-1所示,按照逻辑树的方法,深入研究减肥不成功的原因,就可以把握问题的整体情况,然后加以分解,从而清楚地看到影响减肥的因素有哪些。

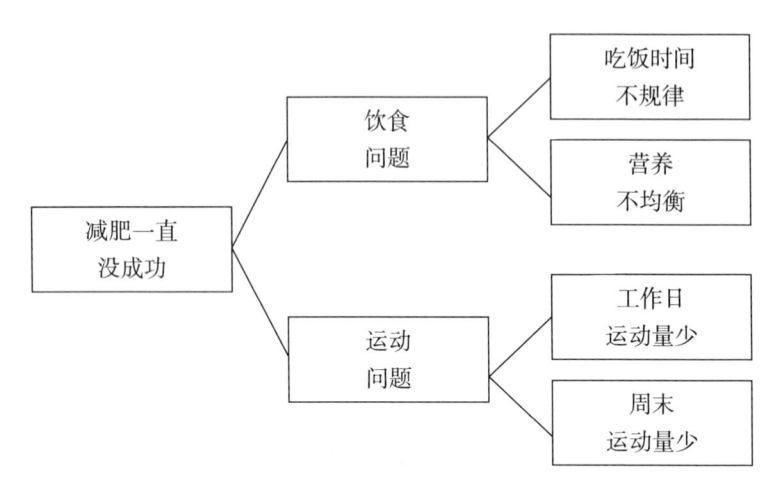

```
                          ┌─ 吃饭时间不规律
              ┌─ 饮食问题 ─┤
              │           └─ 营养不均衡
减肥一直没成功 ┤
              │           ┌─ 工作日运动量少
              └─ 运动问题 ─┤
                          └─ 周末运动量少
```

图3-1 "减肥没有成功"的原因分析逻辑树

2.集思广益想方案——"怎么做"

在运用逻辑树分析出问题的根本原因后,接下来就要以分析的结果为依据,思考具体的解决方案,这个过程同样要借助逻辑树,做法上也与追究原因时类似。

首先在逻辑树的最左边放上"思考的主题"或"有待解决的问题",之后则是以问自己"应该怎么做来解决问题"的方式,一步步深入找出具体方法。

使用解决对策的逻辑树时,要防止偏离目标,并且要注意问题与解决对策之间的具体关系。在把解决对策"具体化"的过程中,必须反复问自己"怎么办?"只要能运用逻辑树将多个对策串联起来,就能解决问题。这和"追究原因的逻辑树"的不同之处在于,只追问原因可能会忽略掉有建设性的见解。

回到减肥的案例上来，如果你发现自己饮食均衡，体重却一直居高不下，那很可能是因为运动量不足。所以，减肥只是表面上的问题，增加运动量才是关键。

接着可以继续利用逻辑树，以关键问题为起点，推导出诸多要素，找出问题的最终解决方法，如图3-2所示。

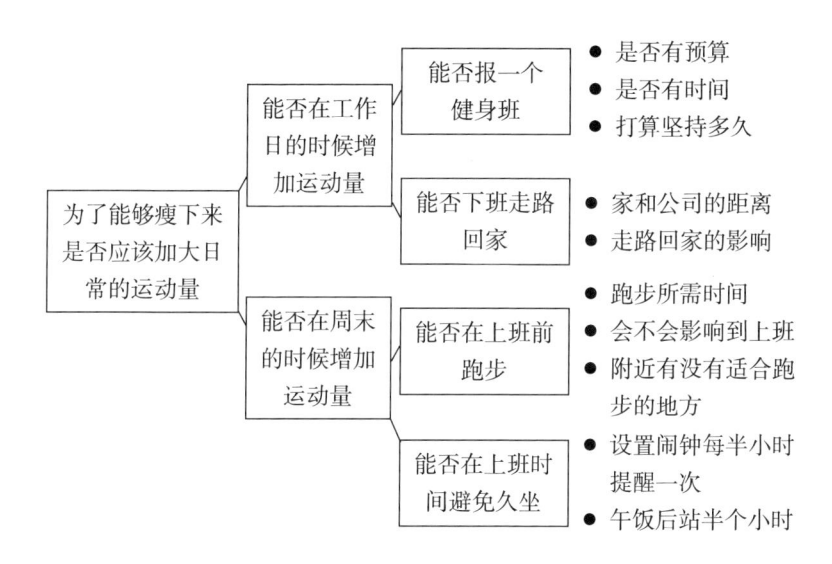

```
                    ┌─ 能否报一个 ──── ● 是否有预算
                    │   健身班         ● 是否有时间
    ┌─ 能否在工作 ──┤                  ● 打算坚持多久
    │   日的时候增  │
    │   加运动量    └─ 能否下班走路 ── ● 家和公司的距离
为了能够瘦下来         回家            ● 走路回家的影响
是否应该加大日  ┤
常的运动量             ┌─ 能否在上班前 ─ ● 跑步所需时间
    │                  │   跑步          ● 会不会影响到上班
    └─ 能否在周末 ──┤                   ● 附近有没有适合跑
        的时候增加    │                    步的地方
        运动量        │
                      └─ 能否在上班时 ── ● 设置闹钟每半小时
                          间避免久坐       提醒一次
                                         ● 午饭后站半个小时
```

图3-2　"增加运动量"的解决方法逻辑树

在增加运动量这个关键问题上，假设我们在考虑"是否需要报一个健身班"，那么为了验证这个问题，我们可以推导出以下验证要素：预算是否超支？是否有足够的时间？是否会坚持下去？

比如，当你发现自己虽然预算充足，但你需要经常加班，晚上根本没有足够的时间去健身房,所以你只能寻求另外一种适合目前状态的解决方式,如下班的时候走路回家、早上早起半个小时到楼下附近跑步等。

二八法则:解决问题要抓住主要矛盾

在工作和生活中,我们发现,一些人似乎总是做事毫无成效、解决问题效率低下,这是因为他们没有抓住主要矛盾,而一直在做无用功。如果说有某种必须遵循的法则能帮助你把生活调整到一个良好的平衡状态,那就是一百多年以前由意大利经济学家帕累托发现的二八法则。

二八法则是指,在任何特定群体中,重要的因子通常只占少数,而不重要的因子则占多数。因此,只要能控制具有重要性的少数因子,就能控制全局,即80%的价值来自20%的因子,其余20%的价值则来自80%的因子。但是需要注意的是,二八法则讨论的是顶端的20%,而非底部的80%。另外,这一法则最初只限定于经济学领域,后来才被推广到社会生活的各个领域,且深为人们所认同。

其实,二八法则在我们的工作和生活中随处可见,比如,销售行业里,80%的销售额是由20%的重要客户来实现的,而这20%的重要客户可以说是销售员长期合作的忠实客户,也叫

"堡垒户"，如果丧失了这20%的忠实客户，那销售员将丧失80%的收入。在人脉圈，当你真正发生财务危机时，80%的所谓朋友不但不会主动借钱给你，甚至还会不接电话，躲得远远的，大概只有20%的朋友，愿意给你正面的影响和帮助。

同样，在我们的工作中，占据重要位置和起到重要作用的也是少数事务。因此，你要在可以利用的时间里尽最大努力去工作，在最重要的事情上竭尽全力，而不要在不重要的事情上浪费精力。学会在几件真正重要的事情上力争上游，而不是在每件事情上都争取有上乘表现的人，可以使他们自己的生活发生根本性的变化。什么工作都要抓，往往可能导致什么也做不好。因此，每个人应尽可能消除一些低成果活动，虽然从主观上看，消除低成果的活动是困难的，但如果你下定了决心，它就是有可能的。

根据二八原则，我们可以看出，人如果利用一天中最高效的时间，那么只要20%的投入就能产生80%的效率。相对来说，如果使用一天中最低效的时间，80%的时间投入只能产生20%效率。一天头脑最清楚的时间段，应该用于最需要专心的工作。与朋友、家人在一起的时候，相对来说，不需要头脑那么清楚。所以，我们要把一天中20%的最高效时间用于最困难的工作。

美国著名的企业家威廉·穆尔可谓将二八法则运用得恰到好处。

他曾经在格利登公司销售油漆，他工作的第一个月仅挣了160美元。随后的一段时间，他仔细研究了犹太人在从商时经常用到的"二八法则"，然后将这一法则运用到自己的销售中，并分析了自己的销售图表，他发现自己80%的收益来自20%的客户，但是他过去却在所有的客户身上花费了同样多的时间——这就是他过去失败的主要原因。

于是，他把自己最不活跃的36个客户重新分派给其他销售人员，而自己则把精力集中到最有希望的客户上。不久，他一个月就赚到了1000美元。穆尔学会了犹太人经商的二八法则，连续9年从未放弃这一法则，这使他最终成为凯利——穆尔油漆公司的董事长。

二八法则告诉我们，绝不要将自己的时间和精力浪费在那些琐碎的事情上，也就是要抓住主要矛盾。毕竟，人的精力都是有限的，要做到面面俱到或者照顾到每一件事几乎是不可能的，这就更需要我们懂得合理分配时间和精力了。

根据二八法则，我们一定要记住，要始终把精力放到最重要的事上。

以不同的职业为例：

作为一名职业经理人，他的大部分工作时间是用在规划、组织、用人、指导、控制上。

作为一名销售经理，他的工作可能是把产品的卖点传授给属下、统计整个单位的业绩、走访一些重要的顾客、把下级的一些意见反映给上级等。

作为一个销售人员，他的优先顺序就是打电话约见客户，然后准备销售的工具以及材料，拜访客户，向客户介绍产品，最后签订单。

从这里，我们能看出设定优先顺序的好处，优先顺序就是决定哪件事情必须先做，哪件事情只能摆在第二位，哪些事情可以延缓处理，即要有意识地设定明确的优先顺序，以便系统地依照这个顺序处理计划里的任务。

5W2H分析法：一种调查研究和思考问题的有效办法

5W2H分析法又叫七问分析法，由第二次世界大战中美国陆军兵器修理部首创，是一种简单、方便，易于理解和使用的思维方式。它广泛应用于企业管理和技术活动，对于决策和执行性的活动非常有帮助，也有助于弥补考虑问题的疏漏。

发明者用五个以W开头的英语单词和两个以H开头的英语

单词提问，发现解决问题的线索，寻找发明思路，进行设计构思，从而搞出新的发明项目，这就叫作5W2H法。其具体内容如下：

①WHAT——是什么？做什么？目的是什么？

②WHY——为什么要做？可不可以不做？有没有其他方法？

③WHO——谁？由谁来做？

④WHEN——何时？什么时间做？还要用多少时间？

⑤WHERE——在哪儿做？

⑥HOW——怎么做？如何提高效率？如何实施？方法是什么？

⑦HOW MUCH——多少？做到什么程度？数量如何？质量水平如何？费用产出如何？

接下来，我们将5W2H分析法运用到检查其产品生产计划的合理性中来：

步骤①做什么（What）？

目的是什么？重点是什么？规则是什么？条件是什么？哪一部分工作要做？与什么有关系？功能是什么？工作对象是什么？

步骤②怎样（How）？

怎样做省力？怎样做最快？怎样做效率最高？怎样改进？

怎样得到？怎样避免失败？怎样求发展？怎样增加销路？怎样提高效率？怎样才能使产品更加美观大方？怎样使产品用起来方便？

步骤③为什么（Why）？

为什么采用这个技术参数？为什么不能有响声？为什么停用？为什么变成红色？为什么要做成这个形状？为什么采用机器代替人力？为什么产品的制造要经过这么多环节？为什么非做不可？

步骤④何时（When）？

何时要完成？何时安装？何时销售？何时是最佳营业时间？何时工作人员容易疲劳？何时产量最高？何时完成最合适？需要几天才算合理？

步骤⑤何地（Where）？

何地最适宜某物生长？何处生产最经济？从何处买？还有什么地方可以作销售点？安装在什么地方最合适？何地有资源？

步骤⑥谁（Who）？

谁来办最方便？谁会生产？谁可以办？谁是顾客？谁被忽略了？谁是决策人？谁会受益？

步骤⑦多少（How much）？

指标是多少？功能是多少？成本是多少？重量是多少？要达到多高的效率？

如果现行的做法或产品经过七个问题的审核已无懈可击，便可认为这一做法或产品可取。如果七个问题中有一个答复不能令人满意，则表示这方面有改进余地。如果哪方面的答复有独创的优点，则可以扩大产品这方面的效用。

另外，5W2H分析法有以下几点优势：

①可以准确界定、清晰表述问题，提高工作效率。

②能有效掌控事件的本质，完全地抓住事件的主骨架，把事件打回原形思考。

③简单、方便，易于理解、使用，富有启发意义。

④有助于思路的条理化，杜绝盲目性；有助于全面思考问题，从而避免在流程设计中遗漏项目。

运用全局思维，从总体掌控更易把握事情方向

生活中，你只要细心留意，就能经常看到这样一些人，他们总是步履匆匆，不停地做事，即便是别人休息的时间，他们也在忙。但实际上，他们似乎什么都没处理好，陀螺般地转了半天还在原地没有动弹。一事无成不说，连最基本的生活也打理不好，事业没做成，家人没顾上，朋友也没怎么联系，连运动也很少做……这是因为他们思维混乱、什么都想抓住。另外，他们一旦发现行动方向有误，就会陷入糟糕的情绪中耽误

时间。事实上，无论是思维还是执行，都要有战略性的眼光，比如，在行动之前要通观全局，这样才能游刃有余地进行工作；在找到行动的方向后要立即着手、决不拖延，这样才能抢占先机。

  胡先生是深圳一家小公司的总经理。金融危机期间，他的小公司不但没有倒闭，反而业务量猛增。这让很多同行产生了巨大疑问。

  一次，和朋友聚会时，席间一个同行经销商谈到他们的业务主要在深圳和珠江三角洲一带，金融危机对他们企业的影响很大。

  "您的公司如何？"对方问胡先生。

  胡先生说："受美国金融风暴影响，海外业务确实减少不少，不过，因为内地客户受金融风暴影响小，反而通过网站为企业带来了稳定的订单。"

  这位经销商豁然开朗，要求看看胡先生的网站是什么样子。由于胡先生公司生产的是连接件产品，该产品比较细小，所以他们在策划网站时特别增加了产品放大镜功能，以帮助访问者更加详细地了解产品的细节。在使用恰当的推广方法后，胡先生的公司有了理想的业务量。

  在人人自危的金融危机期间，胡先生的小公司为什么能岿然不动？这得益于他利用企业网站和网络营销帮助企业获得了新的订单。可以说，胡先生就是一个懂得在大形势下总揽全局的人，而且，他的做法能为其他企业指明新的发展道路。

可见，做任何事，我们都应该学会用战略的眼光和全局的思维来看问题，只有树立战略观念，我们才能从大处着眼，才能避免眉毛胡子一把抓。

那么，什么是全局思维呢？所谓全局思维，就是战略思维，具体来说，全局思维就是从实际出发，正确处理全局与局部、未来与现实的关系，并抓住主要矛盾制订相应规划，为实现全局性、长远性目标而进行的思维。很多时候，问题之所以会出现，是因为人们局限了自己的思维，你如果能走出思维的死胡同，从全局考虑，就能找到真正的症结。

要提高这种思维能力，你应注重抓住以下几点内容。

1.注重理论武装，以丰富的理论修养与知识素养作支撑

很难想象，一个没有理论思维的人能总揽和驾驭全局。提高理论思维能力的根本途径就是学习，要通过学习强化知识武装。

2.注重信息扩展，开阔想问题、作决策的眼界和空间

在当今知识、信息大爆炸的时代，信息已成为最重要的战略资源，它可以被提炼成知识和智慧，因而在对战略问题的研究中越来越具有突出作用。因此，要对事关全局的重大问题进行战略思考，你必须以了解和掌握大量的信息为前提，这样方

可开阔眼界，启发思路，作出具有远见卓识的行动决策。

事实证明，一个人了解、掌握的信息量越大，知识面越广，其思辨能力就越强，工作就越能得心应手、应对自如。

3.强化全局观念，培养凡事谋全局的思维习惯

树立全局观必须时刻想着全局，思考问题、筹划工作，应依据全局的方针、政策、原则指导局部，切实吃透上头的、摸清下头的、形成自己的，创造性地抓好落实。坚持局部服从全局，在培养凡事谋全局思维习惯的同时，要注重谋略锻炼。

4.强化求真务实，在实践中确立全局观

"没有调查研究就没有发言权"。"没有调查研究就没有决策权"。这两句话充分说明了一个人如果不知道、不重视实践，就会在战略上丧失主动权。鉴于此，领导者必须通过各种途径和手段力争了解和掌握多方面的信息。

总之，我们若想提升行动的效率、不"瞎忙"，就要提高战略思维能力，同时，它还能帮助我们解决很多实际工作和生活中的问题。

制订计划，行动才有方向性

前面，我们已经提及，判断人与人之间思维差别的唯一方法就是看其解决问题的能力。我们学习系统思维的根本目的也

是实践，因此，任何人要想在实践中获得优势，都必须重视目标和计划。古人云："凡事预则立，不预则废。"大到国家，小到个人，做事时都必须有计划，只有做到缜密行事、步步为营，才能让自己多一分胜算。同样，生活中的我们无论做什么事，都不要急于求成，毕竟，做成任何事情都不是一蹴而就的。

当然，在制订计划的时候，我们应当先设定一个短小的目标，当我们完成了这一阶段的目标后，才会有信心继续向更高阶段的目标挑战。一开始就将目标定得很高，我们很容易产生挫败感而阻碍自己的行动。

我们先来看下面一个减肥成功者是怎么养成运动习惯的：

"我曾经是个两百斤的胖子，肥胖给我带来的苦恼实在太多了，比如，我常常买不到合适的衣服，上公交车，大家都用异样的目光看着我……而让我印象最深的是，有一次，我得了阑尾炎，疼得厉害，爸妈打了急救电话，来了几个年轻的女护士，她们要把我抬上救护车，但我太胖了，女护士们根本抬不动，我躺在担架上，被折腾了好久……自打这件事后，我告诉自己，无论如何一定要减肥，这样胖下去实在太苦恼了。我也明白，对于一个两百斤的大胖子来说，立即减成一个苗条的人并不大可能，于是，我给自己订立了一个运动减肥计划。第一个月，我每天运动一个小时，不吃零食；第二个月，每天运动一个半小时……刚开始的几天,我觉得每天锻炼一个小时很吃力,因为我以前是个连走路都会大喘气的人,不过我还是坚持下来了。第一个月结束的时候,我去称了下体重,发现我居然减了二十多斤,这实在太神奇了。就这样我按照减肥计划继续锻炼,现在我身上的肥肉已经不见了,而且最重要的是,我已经养成了锻炼身体的习惯……"

其实,和锻炼身体一样,做任何事情,都不可能"一口吃成一个胖子"。我们可以先为自己定一个可以轻易实现的目标,这个目标的实现能增强我们的自信心,帮助我们成功克服更高难度的难题。

具体来说,这需要我们做到以下几点。

1.制订完善的计划和标准

要想把事情做到最好,你心中必须有一个很高的标准,不能是一般的标准。在作决定之前,要进行周密的调查论证,广泛征求意见,尽量把可能发生的情况考虑进去,以尽可能避免出现1%的漏洞,直至达到预期效果。

2.制订计划时不要超过你的实际能力范围,而且内容一定要详尽

如果你想学习英语,那么你不妨制订一个学习计划,安排从星期一、星期三和星期五下午5:30开始听20分钟的英语录

音,星期二和星期四学习语法。这样一来,你每个星期都能更实在地接近、实现你的目标。

3.要为自己设定一个可以做到,同时又有一定挑战性的期限

比如,如果你的目标是写一本书,但是你并没有给自己一个期限,那么,你就会无限制地拖延下去,直到生命的终结。而如果你给自己定一个期限,比如一年,或者两年、三年,那你就会按照这个期限来约束自己,让自己在规定的时间内完成任务。

当然,我们所设置的这个期限需要有一定的紧迫性,才能鞭策我们;但同时还得合理,任何一件事的完成都不可能一步登天。

4.将你的目标切割、划分

很多人都有一个缺点,那就是理想化。比如,他们会幻想灰姑娘与王子的故事,会幻想财富从天而降,在制订人生规划与学习计划的时候,他们偶尔会有点儿好高骛远。但是人不能奢望一口吃成个胖子,一锹挖好一口井。比如,你现在月薪是2000元,你就不能奢望一下子涨到20000元,那是不切合实际的。你可以设定到3000元、4000元,然后慢慢地接近10000元,最后达到20000元。

这就是一种将目标切割的方法。凡是长远的目标都需要较长时间来完成,且有一定的难度。如果一开始你只照着这个长

远目标努力，不仅短时间内不会收到成效，还会挫伤你的积极性。所以，我们要学会把长远目标分解成无数小目标，这样更容易达成，而且每天都进步一点儿，可以鼓励自己，提高自己的积极性。

5. 不断总结问题

我们做任何事都会遇到或多或少的困难，所以在制订目标时，不妨把可能出现的困难考虑进去，对困难先有一个心理准备，做一些必要的防范，这样在真正碰到困难时才不会手忙脚乱。当然，很多困难是无法预知的，最关键的还是要有战胜它的决心，以积极的心态想方设法去解决，才会让事情有转机。

6.别找借口

不要习惯性地利用借口来拖延，而要将它看作是再做15分钟的一个信号，或者完成一个步骤之后的奖赏。比如，不是：我累了，或者是我饿了、我很烦躁等，所以我以后再做。 而是：我累了，所以我将只花15分钟写报告，接下来我会小睡片刻。

7.奖赏自己获得的每一个小进步

如果完成了初步的计划，那么，你就应该奖赏自己，比如，你可以奖励自己看部电影。当然，你更应该关注自己的努力，而不是结果。

在做事的过程中，一些人总是表现得过于急躁。事实上，任何一件事，从计划到实现，总有一段时机的存在，也就是需要一些时间让它自然成熟。如果想一步登天，那么，我们会遭到破坏性的阻碍。因此，无论如何，我们都要有耐心，为自己制订一个可实现的短小目标。

总之，在做事的过程中，我们若想成功，就必须让我们的心更有方向，也就是说，在下定破釜沉舟的决心前，我们一定要明确自己的目标和方向。

及时检查和调整，以防偏差

前文中我们已经指出了制订计划对于行动的重要性，古人云，凡事预则立，不预则废。常言说得好，一年之计在于春，一日之计在于晨。就连那些指挥作战的军事家，他们在战斗打响前，都会制订几套作战方案；企业家在产品投放市场前，也会制订一系列的市场营销计划。而在我们工作的过程中，学会制订计划，其意义是很大的，它是实现目标的必由之路。然而，计划是否完备、是否万无一失、是否在执行的过程中与原定目标逐渐偏离，还需要我们在做事的过程中经常检查。可能你曾有这样的经历：上级领导交代给你一件任务，你也为此做了精心的准备，制订好了实施方案，在整个执行的过程中，你一鼓作气，认为过程完美无瑕，而当你把工作成果交给领导时,却被领导指责这份成果已与原本的任务目标背道而驰。这就是为什么我们常常被上司、领导以及长辈们教导做事一定要带着脑子,一定要多思考,以防偏差。我们先来看下面一个故事:

当当是一名高三的学生,还有三个月,她就要上"战场"了。这天周末,姨妈来她家做客,当当陪姨妈聊天,话题很容易便转到当当高考这件事上了。

姨妈问当当:"你想上什么大学呀?"

"浙大。"当当脱口而出。

"我记得你上高一的时候跟我说的是清华,那时候,你信誓旦旦地说自己一定要考上,现在怎么降低标准了?当当,你这样可不行。"

"哎呀,姨妈,咱得实际点儿是不是,高一的时候,树立一个远大的目标是为了激励自己不断努力,但到了高三,我很清楚自己的实力,既然考清华已经不现实了,那就要选择合适的目标。如果还是抱着当初的目标,那么,我的自信只会不断降低,哪里来的动力学习呢?您说是不是?"

"你说得倒也对,制订任何目标都应该实事求是,而不应该好高骛远呐,看来,我也不能给我们家倩倩太大压力,还是让她自己决定上哪个学校吧。"

这则案例中，当当的话很有道理。的确，任何计划和目标的制订，都应该根据自身的情况和时间段来考虑，不切实际的目标只会打击我们的自信心。而且，我们应该肯定目标的重要意义，但这并不代表我们应该固守目标、一成不变。为此，很多专家为那些求学的人提出建议，要不断调整自己的目标。也许你一直向往清华北大、一直想能排名第一，但是根据第二步的分析，如果这些目标经过努力仍无法实现的话，那你就应该调整目标，否则不能实现的目标会使你失去信心，影响学习效率。也就是说，有一个不切实际的目标就等于没有目标。

其实，不仅是学习，工作中，我们也要及时调整自己的计划，而不能盲目工作。策略的第一步应该是明确自己的目标，有目标才会有动力，有了动力才能够前进，而且在总体目标下，我们应适当调整自己的计划。正如石油大王洛克菲勒所说的："全面检查一次，再决定哪一项计划最好。"任何一个初入职场的年轻人都应该记住洛克菲勒的话，平时多做一手准备，多检查计划是否合理，就能少一点儿失误，多一分把握。

在做事的过程中，当我们有了目标，并能把自己的工作与目标不断地加以对照，进而清楚地知道自己的行进速度与目标之间的距离，我们的做事成果就会得到维持和提高，就会自觉地克服一切困难，努力达到目标。

的确，思维指导行动，如果计划不周全，那就好比一个机器上的关键零件出了问题,就意味着满盘皆输。

一位名人说得好:"生命的要务不是超越他人,而是超越自己。"所以我们一定要根据自己的实际情况制订目标,跟别人比是痛苦的根源,跟自己的过去比才是动力和快乐的源泉。这一点不光可以用在工作上,还可以用在以后的生活中,这对我们的一生都会产生积极的影响。

另外,即使我们依然在执行当初的计划,但计划里总有不适宜的部分,对此,我们需要及时调整。也就是说,当计划执行到一个阶段以后,你需要检查一下做事的效果,并对原计划中不适宜的地方进行调整,一个新的、更适合自己的计划将更有助于今后的工作。

因此,你可以把自己的目标细化,把大目标分成若干个小目标,把长期目标分成一个个阶段性目标,根据细化后的目标制订计划。另外,由于不同的工作有不同的特点,所以你还应根据手头任务制订细化的目标。细化目标也能帮助我们及时调整自己的计划。

总之,我们应该根据自己的实际情况,制订一个通过自己的努力能够实现的目标,并且目标不是一成不变的,要根据实际情况不断进行调整。经过一段时间的实践,我们一定能够确定一个给自己带来源源不断动力的目标。

第04章
思维拓展，如何从线性思维转变为系统思维

日常生活中，我们在思考时常常使用的是线性思维，这种思维是直线的、单向的、单维的、缺乏变化的。很明显，对于一些复杂的、需要探究本质的问题，这类思维方式是无法满足的，此时，我们就需要运用系统思维。然而，系统思考能力不是短期就能获得的，需要长期的知识和实践积累，还需要一些悟性才能不断地完善，且需要掌握一些步骤和方法。那么，具体如何才能实现呢？接下来，我们在本章中就这一问题进行详细分析。

判断现象是问题还是症状的八种思路

生活中，人们习惯将周围的人简单地分为好人和坏人，习惯单纯地用黑和白看待世界。其实，这是因为人们习惯于用线性思维思考问题。那么，什么是线性思维呢？

线性思维即线性思维方式，是指思维沿着一定的线型或类线型（无论线型还是类线型的既可以是直线也可以是曲线）的轨迹寻求问题的解决方案的一种思维方法。线性思维是一种直线的、单向的、单维的、缺乏变化的思维方式，非线性思维则是相互连接的，非平面、立体化、无中心、无边缘的网状结构，类似人的大脑神经和血管组织。线性思维如传统的写作和阅读，受稿纸和书本的空间影响，必须以时空和逻辑顺序进行。

人的思维分为两大类：线性思维和非线性思维。当我们说一个人思考问题比较简单时，就是在说这个人属于用线性思维思考的人，有时候，我们还称这种人"头脑简单"。

线性思维在思考问题时有几个特点：

①单维度。其实，世界上的事情并不是我们所看到的那样简单，而线性思维则往往会在单维度上考虑问题。比如，一名

员工辞职，习惯了运用线性思维的人，就会认为是因为这名员工对公司不忠，或者认为这名员工好高骛远，但真正导致他辞职的原因可能有很多，比如，薪资、不认同公司文化或缺乏个人成长机会等。

②单向的。线性思维的人喜欢按习惯单向考虑问题。比如，采购员进行采购时，通常的做法是：看样品、给钱、拿东西。这是单向的、习惯性的。

③静态的。线性思维的人经常会静态地观察问题，他们考虑问题不会从变化的角度进行分析。比如，一些管理者制定的规章制度，在90后、00后这些新鲜血液进入职场后仍然使用，但很明显，年轻人已经开始排斥这一套规章制度了。

④直观的。线性思维的人喜欢从外表看待事物、观察事物，而事实上，外表是很容易迷惑人的。比如，他们看到某人是海归，就认为对方一定学识渊博、能力强，而看到一位工作几十年的人，就会认为他德高望重、成熟睿智。

⑤片面的。线性思维的人只从"点"来看问题。最经典的故事就是盲人摸象：有些人说大象是一把扇子，有些人说大象是一根又粗、又大的萝卜，有些人说大象是一堵墙……他们喜欢站在自己的立场考虑问题，而不是站在整体和全局上考虑问题。

线性思维考虑问题简单、直接、快速，但从长远来看，线性思维有它的局限性。以下三个有趣的小故事就能让我们领略到线性思维带来的弊端：

第一个故事：大猩猩的思维。

大猩猩作为高等生灵一族，被人类视为最亲近的同脉。对大猩猩的思维能力，人们惊叹之余又嗤嗤笑之。从人的角度来看，大猩猩附着了思维的举止实在幼稚可笑，连孩童都比不上。

科学认定，大猩猩的思维方式属于线性思维，并且位于低级的层次。笑罢大猩猩，不妨反思一下人类自己的线性思维，亦有可笑之处，更可改进。

第二个故事：航天员的幽默。

美国航天员在太空中用圆珠笔写不出字，于是，航天局拨专款秘密攻关。以美国人的能耐，搞出"太空笔"当然小菜一碟。庆祝之余，有位官员突生疑问：苏联航天员在太空中写字用什么笔？精干的办事员很快弄回了答案：铅笔！这是线性思维制造的幽默。

第三个故事：引火烧身。

一老爷车抛锚在漆黑的夜晚，车主初步判断油烧光了，便下车检查油箱。没有手电筒就顺手掏出打火机照亮，结果"轰"的一声巨响。事后，他躺在病床上自悔引火烧身："当时只想借打火机的光，看看油箱里还有多少油，根本没想到打火机的火会引爆油箱。"这是典型的由线性思维惹的祸。

的确，线性思维从一定意义上来说属于静态思维。而非线性思维是指一切不属于线性思维的思维类型，如系统思维、模糊思维等。一个人应该学会立体地、动态地、全面地、多维度地考虑问题，尤其是运用系统思维，能让你的生活和工作效率大大提升。

那么，我们该怎样判断一个问题是不是系统问题呢？

在《怎样成为解决问题的高手》这本书中，作者史蒂文·舒斯特给出了八条线索：

①问题的大小和你所花费的时间和精力不匹配。

②人们有解决问题的能力，却不去解决。

③你已经多次尝试去解决问题，但是始终没有成功——如果你长时间尝试解决某个问题，但是它变成了一个遗留的问题，或者总是反复出现，那就说明你还没有发现真正的问题所在。

④有情感障碍阻碍了问题的解决。

⑤如果这个问题有一个模式，而且似乎是可以预测的，那么它很可能是一个症状。

⑥如果一个问题始终存留在某个组织内，那也许是组织在潜意识中喜欢这个问题的存在。

⑦如果组织看起来有很大的压力，十分焦虑，那么他们很可能只是关注到了症状，没有碰触到真正的问题所在。

⑧你刚"解决"了一个问题，另一个问题就取而代之。

如果出现上述八种情况，很有可能你遇到的问题属于系统问题，这时候，你就不能用线性思维分析问题了，而应该用系统思维去分析它。

别让思维定势给你的人生设限

在现实生活中，很多人不敢去追求梦想，不是追不到，而是因为心里默认了一个"高度"。这个"高度"就是思维定势。思维定势，就是习惯性思维。生活中，我们常说，人生的高度取决于思维的高度，我们千万不能让思维定势为自己的人生设限，所有博弈的第一步就是与自己博弈，打好与自身的第一战尤为重要。

生物学家做过这样一个实验：

一只跳蚤被放到桌面上，然后生物学家拍打桌子，此时，跳蚤会不自觉地跳起来，甚至跳起的高度是它身高的好几倍。

接下来，跳蚤又被放到一个玻璃罩内，再让它跳，跳蚤碰到玻璃罩的顶部便弹了回来。生物学家开始连续地敲打桌子，跳蚤连续地被玻璃罩撞到头，后来，聪明的跳蚤为了避免这一点，在跳的时候，高度总是低于罩顶的高度。然后生物学家逐渐降低玻璃罩的高度，跳蚤总是在碰壁后跳得更低一点儿。

最后，当玻璃罩顶接近桌面时，跳蚤已无法再跳。随后，生物学家移开玻璃罩，再拍桌子，跳蚤还是不跳。这时，跳蚤的跳高能力已经完全丧失了。

为什么会有这样的现象呢？其实，跳蚤是产生了一种思维定势。玻璃罩内的跳蚤，会产生这样一种想法：我再跳高了还是会碰壁。于是，为了适应环境，它会自动地降低自己跳跃的高度。和刚开始的"跳高冠军"相比，它的信心逐渐丧失，在失败面前变得习惯、麻木了。更可悲的是，桌面上的玻璃罩已经被生物学家移走，它却再也没有跳跃的勇气了。

行动的欲望和潜能被自己的消极思维定势扼杀，科学家把这种现象称为"自我设限"。

著名撑竿跳高运动员布勃卡有句名言："纪录就是用来打破的。"他不断打破自己创造的纪录，不断突破人们心目中的运动界限。因为陶醉于突破体力的界限，他忘记了身体上的劳累与痛苦，最终创造了一个又一个不可思议的纪录，突破了公认的体力界限。在挑战与突破体力界限的过程之中，他自然也就有非凡的成绩，有了别人无法比拟的超高水平。摆脱不了思想的禁锢，人们永远也不可能有进步。

而且，很多时候，人们不是被打败了，而是他们放弃了心中的信念和希望。对于有志气的人来说，无论面对怎样的困境、多大的打击，他都不会放弃最后的努力。因为成功与不成功之间，并不存在一道巨大的鸿沟，它们之间的差别只在于是否能够坚持下去。

美国科普作家阿西莫夫从小就聪明，年轻时多次参加"智商测试"，得分总在160左右，属于"天赋极高者"之列，他一直为此扬扬得意。有一次，他遇到一位汽车修理工，是他的老熟人。修理工对阿西莫夫说："嗨，博士！我来考考你的智力，出一道思考题，看你能不能回答正确。"

阿西莫夫点头同意。修理工便开始出题："有一位既聋又哑的人，想买几根钉子，便来到五金商店，对售货员做了这样一个手势：左手两个指头立在柜台上，右手握成拳头做出敲击的样子。售货员见状，先给他拿来一把锤子，聋哑人摇摇头，指了指立着的那两根指头，售货员就明白了，聋哑人想买的是钉子。聋哑人买好钉子，刚走出商店，接着进来一位盲人。这位盲人想买一把剪刀，请问：盲人将会怎样做？"

阿西莫夫顺口答道："盲人肯定会这样。"说着，伸出食指和中指，做出剪刀的形状。汽车修理工一听笑了："哈哈，你答错了！盲人想买剪刀，只需要开口说'我买剪刀'就行了，他干吗要做手势呀？"

智商160的阿西莫夫，这时不得不承认自己确实是个"笨蛋"。而那位汽车修理工人却继续说："在考你之前，我就料定你肯定要答错，因为你受的教育太多了，不可能很聪明。"

这里，修理工所说的"你受的教育太多了，不可能很聪明"，并不是因为学的知识多了人反而变笨了，而是因为人积累的知识和经验越多，越会在头脑中形成较多的思维定势。

那么，我们该如何打破思维定势呢？

1.用知识解放思维

人与人之间没有太大的差别，只是思维方式不同。成功的人之所以会成功，就是因为他们有与众不同的思路。因此，你如果能摆脱思维的狭隘性，那么，就具备了成功的潜能。

那么，如何解放思维？没有比学习更有效的方法了，只有学习才能搬走"无知"这堵墙。

2.制订一个合理的目标

我们周围有许多人明白自己在人生中应该做些什么，可就是迟迟拿不出行动来。根本原因是他们欠缺一些能吸引他们的未来目标。我们只有制订一个合理的、有发展潜能的目标，才能真正实现突破和创新！

总之，对于一个人来说，成功的信念和积极的心态比什么都重要。只有这样，你才能在困难中坚持，在坚持中成功。

世界上最伟大的人，通常也是失败次数最多的人。面对各种不利，只要有一点点成功的可能，就要永不放弃。

如何从线性思维转变为系统思维

那么，我们如何将线性思维转化为系统思维？

要知道，系统思考能力不是短期就能获得的，需要长期的知识和实践积累，还需要一些悟性才能不断地完善。具体来说，一般需要通过以下五个步骤来积累。

第一，对于一件事究竟是表象还是一个更深层次的问题，要有区分能力。

线性思维的关注点是问题本身的症状，思考停留在问题的表面，专注于症状，而系统思维是深入发掘，找出问题的根源所在。在遇到一个问题时，如果只纠结其症状而不找到问题的根源，往往会适得其反，使事情变得更糟糕，甚至出现意想不到的副作用。当需要系统思维的时候，使用线性思维就会出现这样的问题。一般情况下，你只要肯花时间去分析系统的行为模式、要素关联及其目的，就会发现并解决真正的问题。

第二，构建逻辑框架，事物各部分和相关联的事物之间都是相互联系、相互作用，并以一定的规则运行的，具有强大的逻辑性和规律性。

就算再混乱的事物，也都有其内在逻辑，有规律可循。系统思维就是要通过理性分析，找出事物存在和发展的逻辑及其规律，并且转化成更为直观的图表显示，为解决复杂问题提供正确思路。在平常，我们就需要多积累一些框架模型，以便于我们在遇到问题的时候可以先参考已经有的思考模型。而且，我们可以在自己的知识体系当中，建立一套适合自己的做事标准和逻辑框架，否则你将一直停留在"懂得很多道理，依然过不好这一生"的局面。

第三，树立整体意识。

系统思维的一个核心观点是整体大于部分之和，就是平时所说的要达到1+1>2的效果。系统思维并不强调部分或者要素的个体功能有多强大，强调的是部分或者要素的兼容性有多强，能否形成一个协调、高速运转的整体。系统思维提醒我们，要特别注意防止过分突出个体功能，导致整体效益受损的问题。

犹太人罗斯柴尔德是一个很精明的商人。丰富的生意经验让他十分清楚地意识到，要在这个犹太人备受歧视的社会里脱颖而出，最有效的办法就是接近手握巨大权势的领主并博得其欢心。

> 系统思维

好不容易,他被通知可以受到公爵的接见。这是个难得的机会,他觉得自己一定要把握住。为此,他不但把花了很多心血和金钱收集的古钱币以低得离奇的价格卖给公爵,同时还极力帮助公爵收古币,为公爵介绍一些能够使其获得数倍利润的顾客,不遗余力地帮公爵赚钱。

如此一来,公爵不但从买卖中尝到了很多甜头,对古钱币的兴趣也越来越浓。罗斯柴尔德和他的关系逐渐演变为带伙伴意味的长期关系,远非只是普通的几笔买卖关系。

罗斯柴尔德是个舍得下血本的人,他为了实现长期战略,宁可舍弃眼前的小利。这种把金钱、心血和精力彻底投注于某个特定人物的做法,日后便成为罗斯柴尔德家庭的一种基本战略。若遇到了诸如贵族、领主、大金融家等具有巨大潜在利益的人物,他们就甘愿做出巨大的牺牲与之打交道,为之提供情报,献上热忱的服务;等到双方建立起无法动摇的深厚关系之后,再从这类强权者身上获得更大的收益。如果说一两次的"舍本大减价"一般人也可能做得到的话,罗斯柴尔德这种一直"舍本"帮助别人赚钱的做法,不能不说是难能可贵的。他虽然得以在宫廷进进出出,但在经济上仍然相当拮据。

在罗斯柴尔德25岁那年,他获得了"宫廷御用商人"的头衔。由此可见,罗斯柴尔德的策略奏效了。

放长线钓大鱼，舍小利获大利，这就是成功的犹太商人的生意经。也是罗斯柴尔德获得成功的心得。思维中更是如此，我们只有从全局和整体把控，才能高屋建瓴，解决问题。

第四，实践是检验真理的唯一标准，这是系统思维的最终归宿。

无论系统思维多么强大，最终都必须接受实践的检验。有时候，看似合理的分析判断，却并不符合实际，甚至可能与实际情况相反，不但没有帮助我们解决问题，反而造成了更大的问题。这在现实中是有可能的，也是正常的，而且反映出的是个体系统思维能力的局限性和不足。因此，我们必须在实践的检验中不断锻炼和提升自己的系统思维能力。

第五，完善思维体系。

一套系统不能一劳永逸地解决某一类问题，我们要根据外界环境的变化，利用实践获取反馈，不断优化调整，以适应不断变化的外界环境。在这个信息爆炸导致知识焦虑的时代，完善自己的思维体系，用系统思维做好每一个阶段的方向框架，提前规划并高效执行，比出现问题慌忙补救重要得多。当你成为一个系统驱动的人，你就自然地进入到了人生的正循环，从而能够不断自我迭代，实现人生的高效能。

可见，花半秒钟就能看透事物本质的人和花一辈子都看不清事物本质的人，注定将拥有截然不同的命运。

> 系统思维

一次性解决问题,才能避免返工

在生活中,我们发现,总有一些"差不多先生",他们做事只追求速度,不追求质量,认为凡事"差不多"就行。然而,在没有找到本质的前提下,事情没做好,只能返工,这样便消耗了时间。所以,从提升工作效能的角度看,做一件事,一定要运用系统性思维,认认真真解决,哪怕慢些也没关系。因为当你发现事情做错了要重新来过时,耗费的时间和成本会更高,甚至不一定有重新来过的机会。

十年前,美国人约翰来到中国的北京,一住就是十年。十年间,他在中国的十几个城市都开了自己的家具城,管理着几千名员工。而令我们没有想到的是,十年前,他不过是北京胡同里的一个家具学徒。他很爱木工,这也是他选择这个行业的原因。

他做事几乎达到了疯狂的程度,在大家都下班奔向夜店的时候,他依然在店里敲敲打打,连他的老板都说:"不要在这件事上浪费时间了,它是毫无价值和意义的,约翰!"

然而,约翰是个倔强的人,他觉得自己一定会在这个行业有所建树。于是,一有空闲,就琢磨修理家具,很快,他就熟练地掌握了修理家具的精湛技术。他如此认真仔细,甚至连老板都觉得有些过分。

不满足于目前的良好状态，坚持做每一件事都精益求精成了他的工作习惯，也正是这种良好的习惯将他推上一个又一个重要的位置。

不难想象，返工的负面影响有很多，一是浪费时间，把一件事做两遍，事倍功半；二是影响品质，再怎么做，也做不成预期中的那个样子，就像破碎的瓷碗，粘好了总会有痕迹；三是影响他人，现在是分工细化的时代，一件事都是由几个人分头完成的，你的事要返工，就会影响别人的进度，你的产品品质不好，是返工品，那整个产品也就成了返工品了。

在美国的芝加哥市，曾经有一份调查报告，该报告显示，在这座城市，人们因为工作不认真而造成的经济损失至少有一百万美元。对此，一位商人建议，政府应该派遣大量的稽查人员来制止人们在工作中的马虎行为。在很多人看来，有些小事实在不值一提，但他们没看到积少成多的力量，很多不值一提的小事聚集在一起，就影响到他们的工作效果了，也影响了他们在上司心中的形象，从而影响到他们的升职加薪。

可见，在行为准则的贯彻执行上，"第一次就把事情做好"是一个应该引起人们足够重视的理念。如果这件事情是有意义的，现在又具备了把它做好的条件，为什么不现在就把它做好呢？每个人只有把事情一步一步地做对了，才可能达到第一次就把事情做好的境界。

也许你会说，这怎么可能做到呢？人又不是神仙，怎么可能不犯错呢？不是允许合理的误差吗？不是允许一定比例的废品吗？实际上，这不仅是一种可能，而且是我们任何一个人都必须做到的。我们来试想一下，假设你所从事的工作是零配件的流水线生产，每一个配件被生产出来之后，都会被送去组装，对于那些零库存的产品，如果一个环节出现错误，那么，最终就会导致全线停止生产，造成的损失是可想而知的。所以，我们必须百分之百地"第一次"就把事情做对。

也许你会问，该怎样做才能做到一次就做好呢？对此，我们有以下几条建议。

1.先想好再去做

接到一项工作任务，要先看清文件的要求，再思考研究工作，而不要大致一看，就凭着感觉做，直到最后也不仔细看文件，结果东西做得差不多的时候，才发现这样那样的问题。时间是否来得及是一回事，无谓地浪费时间也是不应该的。

其实，古人早就知道这个道理叫"三思而后行"，只不过一到实践中，有的人就做不好了。

2.先沟通好再去做

多听取不同的意见，让自己的方案或文件吸取各方面的意见，照顾各方面的想法，尽可能减少矛盾冲突，让自己的工作成果一次性过关。

3.先考证再去做

在做工作前，要多方调研和考察，保证自己的工作成果经得起推敲和考证，这才是减少返工的关键。

4.先分析再去做

无论是文字还是事物，都要反复推敲，不要轻易出手，自己不满意的东西，想要别人满意是不可能的。一个字、一个符号、一个报价都可能颠覆整个事情。特别是简单的事情，往往可能会因疏忽大意而因小失大。

5.先请教再去做

不要以为自己有多大能耐，三个臭皮匠顶一个诸葛亮，多一个人的智慧，你的作品就多一分闪光点。多请教不丢人。善于借力的人才能站在别人的肩膀上进步，过去的帝王将相没有一个不是依靠智囊决策的。

我们把这些准备工作做足了，就能提高做事的成功率，也就能减少返工的可能性。

找到关键，一针见血解决问题

日常生活中，我们经常看到，人们为了提高做事效率，会

> 系统思维

建立一套完备的时间管理体系,制订大量的工作目标、操作准则和行为标准。而事实上,我们的行为正是被这些所谓的规划约束了,以致我们处理事情和解决问题的能力降低了。

原通用电气董事长兼CEO杰克·韦尔奇先生曾经就管理问题提出一点:"管理效率出自简单。"海尔总裁张瑞敏说:"我感觉在企业里最难的工作就是把复杂问题简化,如流程再造就是简化流程。但为什么做起来很难?关键是领导!领导只要看不到问题的本质,就简化不了流程。就事论事,会越办越复杂。"张瑞敏和杰克·韦尔奇先生的这两句话不仅适用于管理工作,更适用于人类的思考活动。我们提升思维能力的最终目的是更快、更好地解决问题,事实上,我们在本章中反复强调的从线性思维到系统思维的转变的根本目的也在于此,比如,提高工作业绩,或者让我们原本忙碌的生活更轻松、舒适。所以,凡是复杂的、难以驾驭的方法都应该被我们摒弃。

我们每个人,在做事的过程中,只有做到化繁为简,摆脱传统思维的限制,才能一针见血地找到问题的关键。

有这样一个有奖征答活动,题目是:

一次,三个人一起坐热气球旅行,这三个人都是关系人类命运存亡的科学家。第一位是核物理学家,他有能力防止全球性的核战争,使地球免于遭受灭亡的绝境。第二位是环保专家，他可以拯救人类免于因环境污染而面临死亡的厄运。第三位是粮食专家，他能在不毛之地种植粮食，使几千万人脱离因饥荒而亡的命运。但旅行到一半，他们却发现热气球充气不足。此刻，热气球即将坠毁，必须丢出一个人以减轻载重，使其余的两人得以存活，请问该丢下哪一位科学家？

因为奖金数额庞大，征答的回信如雪片飞来。每个人都竭尽所能地阐述他们认为必须丢下哪位科学家的见解。最后，结果揭晓，巨额奖金的得主是一个小男孩。他的答案是：将最重的那位丢出去。

我们在赞叹小男孩的答案时，也不难得出这样一个结论：任何复杂的现象，其复杂的也只是表面，任何事物都有其一般性的规律，都可以找到简单的分析、处理方式。这就是化繁为简的过程，这个过程需要的就是找寻规律，把握关键。同样，我们在思考问题时也要运用系统思维，学会直击问题本质、发现规律，进而一针见血地解决问题。

可见，复杂的只是事物的表面，只要我们愿意探寻，就能找到它背后一般的、更为简便的规律。你是不是曾经有过这样的做题经验：遇到一道数学题，你告诉自己一定要演算出来，当你算出结果的一刹那却发现，原来答案和题目之间只要进行一个简单的思维转换就可以，而你在这道题上已经花费了很长时间。试想一下，假如这是一道考试题，那你是不是浪费了很多时间呢？

因此，在生活中，你就要训练自己凡事从简的习惯，在做题和做事时，多问问自己"还能简单点儿吗？"找到最简单的方法，你做事的效能也就快多了。

然而，要把复杂的事情简单化绝非易事，需要我们进行一次彻底的心理革命，尤其是我们要调整自己看待问题的眼光，也就是提升自己一针见血地捕捉问题实质的能力，这样才能较快地寻找到时间管理的本质和规律，掌握化繁为简、以简驭繁的思想和技巧，深刻认识思维和解决问题的核心要义。

我们每个人在做事和学习时都应该养成孜孜不倦、一丝不苟的习惯，注重细节很重要。而且，我们这里说的思维上化繁为简并不是要你凡事投机取巧，而是要你摒除繁琐思维的限制。

可见，"简化思维"并不是不思考或者懒得思考，而是一种追求系统化、规范化、细节化、流程化的思维和实践，在复杂精细和简单实用之间找到一个有机的结合点，跳出"为思考而思考"的怪圈，实现由"高效率"到"高效能"的转变。

总之，聪明的人会在最短的时间内，在花费最少精力的前提下解决问题。你如果也能训练出这样的思维，那你就能直达问题的命脉，巧妙地解决问题。

抱怨毫无意义，不如行动

在前面的章节中，我们指出，很多时候，在面对问题时，人们宁愿花时间去抱怨也不寻求解决之道，进而导致了更大的问题，这是线性思维带来的弊端。比如，我们常常听到一些人抱怨："唉！每天都在重复这些工作，真是浪费生命！""为什么每次都让我去处理这些事？""什么时候才能给我涨点儿工资呢？"……诚然，在现实生活中，抱怨是人们宣泄不良情绪的一种方式，它可以减轻人们心中的不满。但很多人似乎理解错了抱怨的含义，它绝非一个人主要的生存形式。更多的时候，人们在抱怨不满时，应该进行适当地反省：为什么自己会有这样那样的不满？是不是因为自己做得不够好？从这些方面来说，抱怨其实也可以作为一个加速器，加速自己的成功。只要能够通过抱怨看到自己的缺点，你就会进步。

同样，处于某种环境下的人们，当你因为抱怨环境太糟糕而一味地拖延时，何不选择通过立即行动来改变自己呢？为何不反思自己是否已经做到位、是否有着高效的执行力呢？

古希腊先哲埃比提德曾经说过："骚扰我们的，是我们对事物的认识，而不是事物本身。"这句话就是要告诉人们：抱怨不能帮助你解决任何问题，还会为你带来很多莫名的苦恼。有句俗话叫作：兵来将挡、水来土掩。就是说，无论到了什么样的境地，遇到了什么困难，动手或动脑去解决才是最好的办法。

当然，勇于尝试需要人们有一种开拓进取的精神。鲁迅先生曾经说过，其实地上本没有路，走的人多了，也便成了路。所以，他十分赞赏"第一个吃螃蟹的人"，那些在人类前进道路上披荆斩棘的人。

有两个都想过富裕生活的人，其中一位是学富五车的教授，另一位是目不识丁的文盲，两个人是邻居，为了共同的目标经常一起聊天。每次，教授都滔滔不绝地讲他的致富理论，各种办法层出不穷；那位文盲也不多说，只是认真地听，并且不停地照教授的办法去行动。

过了几年，文盲当真成了百万富翁，教授却还在原地踏步，只是没忘了继续他的高谈阔论。

这个故事同样说明：坐而言不如起而行。一个人只有立即行动起来，才能真正创造价值，继而持续行动，获得成功。

诚然，当下的你每天都会遇到一些让你烦心的事：这个月业绩不好被老板责怪，某次行业比赛中因为你的疏忽而影响整个团队的成绩等。对此，你肯定很懊恼，但懊恼又有何用？不停地抱怨，不断地自责，只会将你自己的心境弄得越来越糟，使你的工作效率越来越低下。所以，你为何不从另外的角度来思考整件事呢？

那么，我们该怎样战胜抱怨呢？

1.转换思维

举个很简单的例子，你是一个普通人家的女孩，你可能穿不起名牌、吃不起山珍海味、上下学也没有司机接送，但反过来，每天回家，你都能吃上疼爱你的母亲亲手做的饭，而不是独自面对冷冰冰的房间，这不也是一种幸福吗？这次考试你失利了，你可能会难受，但你从考试中找到了自己学有不足的地方，你还有很大的进步空间，这不也是一种幸运吗？

2.期望值别定得太高

人们对新环境的适应性差，大都与其事先对新环境的期望值定得过高、不切实际有关。当你按照这个过高的目标来执行而最终落空时，难免会产生失落感，感到事事不如意、不顺心，导致更难适应环境。

3.把一切交给时间

时间是淡化、忘却烦恼和痛苦的最好方法。遇到烦恼之事，倘若你主动从时间的角度来考虑，心中对此烦恼之事的感受程度可能就会大大减轻。比如，如果你被老师当众批评了，面子过不去，心里难以承受，不妨试想一下，三天后，一星期后甚至一个月后，谁还会把这件事当回事儿，何不提前享用这时间的益处呢?

4.主动适应客观现实

当自己对新环境不习惯的时候,最好不要先埋怨现实,而应先从主观方面想一想,看一看自己的认识、态度和方式是否有需要改进的地方,进而自觉地从自身做起,改变自己的旧习惯、旧做法,努力去适应环境的要求。

总之,一味地沉浸在抱怨中,只会将自己的心情弄得越来越糟,只会让自己拖延做事的进度。因此,你若希望成为一个解决问题的高手,就必须战胜抱怨。

第05章
运用"金字塔结构",让问题清晰明了

曾就职于麦肯锡国际管理咨询公司聘第一位女性咨询顾问的芭芭拉·明托认为:"金字塔原理除了能帮助人们以书面形式组织和表达思想外,还具有更广泛的用途。具体来说,金字塔原理可用于界定问题、分析问题;更广泛地说,金字塔原理可以用来指导组织和管理整个写作过程。"接下来,我们就要在本章中阐述金字塔原理的本质,并重新设计了一套更为简单有效地构建表达金字塔的方法——演绎式逻辑论证和归纳式逻辑分组,希望能帮助你更容易地构建金字塔,并提升表达水平。

金字塔原理概述

前面我们已经阐述了逻辑树原理的具体定义和思维方法，与之相类似的就是金字塔原理。不过，逻辑树是从左往右的层层分解结构，而金字塔是自上而下的层层分解结构。那么，什么是金字塔原理呢？

金字塔原理是一项层次性、结构化的思考、沟通技术，可以用于结构化的说话与写作过程。

简单来说，金字塔原理就是：我们在写作、思考、表达、解决问题的时候，要像金字塔结构一样，既突出重点，又有层次性和逻辑性。

金字塔通常可以分为"塔尖、塔身、塔基"三个部分。塔尖就是你要表达的总的论点、结论，塔身就是你的分论点，塔基就是支撑你论点的论据。

当我们把自己的思考或工作成果向他人阐述时（比如给老板汇报你的方案），要"自上而下"地讲（先塔尖，然后塔身、塔基），先说结论，然后"逐步分层次展开"你的想法、分析、计划等具体内容。先说结论，就等于是先给对方吃一颗定心丸，给对方确定性，这样对方才能听懂你要说什么；分层次地逐步展开，对方才能一步步地跟着你进入到你的细节里面去。

因为你的听众或者受众的时间和精力都是相对有限的，他们可能没时间，或者没心情去耐心地等你的结论，或者猜你要说什么。

提到金字塔原理，就不得不提芭芭拉·明托，她出生在美国俄亥俄州克利夫兰市。

1961年，明托进入哈佛商学院学习，她是哈佛商学院的第一批女学员之一。1963年被麦肯锡顾问公司聘为该公司有史以来第一位女性顾问。后来，她在写作方面展现出了很大的才能，得到了公司的赏识，并于1966年被派往伦敦，负责提高麦肯锡公司日益增多的欧洲员工的写作能力。

1973年，她成立自己的公司，推广明托金字塔原理，主要业务是为商业或专业人士服务。当他们在工作中需要撰写复杂的报告、研究论文、备忘录或简报文件时候，可以寻求这家公司的帮助。

迄今，明托已为美国、欧洲、澳大利亚、新西兰和中东等国家和地区的绝大部分公司和许多管理咨询公司讲过课，并在哈佛商学院、史丹佛商学院、芝加哥商学院、伦敦商学院，以及纽约州立大学等高等学府做过讲座。现在，金字塔原理已成为麦肯锡公司的公司标准，并被认为是麦肯锡公司组织结构的一个重要部分。

金字塔原理特点有三：

其一，金字塔原理是以结论为导向的推论过程，而推论过程的议题论述类似金字塔形状；

其二，金字塔原理大量运用归纳法与演绎法，以推进论证过程；

其三，金字塔原理解构过程即是梅切原则运用。

由上可见，金字塔原理其实就是"以结果为导向的论述过程"，或是"以结论为导向的逻辑推理程序"，其中，越处于金字塔上层的论述价值越高。此外，根据归纳法与MECE法则所论，支持结论的每一推论的子推论间均保持"相互独立，完全穷尽"，且构成每一子推论的孙推论间也满足"相互独立，完全穷尽"。

这项技术对公司内负责撰写分析性报告的人士大有裨益，公司高管的决策往往有赖于这些人的研究报告。而且，这项技术适用于各种体裁的文书——从1页纸的备忘录、50页的报告，到300页书籍，从简单的幻灯片到复杂的多媒体演示。具体而言，它能够帮助使用者创造性地思考、清晰地辨析、准确地表述观点。

运用金字塔原理一般具有以下三步：

其一，搭建金字塔。

其二，在SCQ框架内结构化文章所要表达的思想。

其三，撰写引人入胜的概要与要目。

运用金字塔原则要注意满足以下三条规则。

规则1：任一层的论点，都必须是下层论点的总结。

规则2：同一层的论点必须具备相同特性。

规则3：同一层的论点必须遵循一定的逻辑排列顺序。

演绎式逻辑论证

前面，我们指出，金字塔原理的本质就是"从结论说起"，也就是论点先行，但是论点出来后，如何对论点继续往下阐述，并符合金字塔原理的三大规则呢？这时，有且只有两种逻辑推理方式：一是演绎推理，即演绎式逻辑论证；二是归纳推理，即归纳式逻辑分组。在本节中，我们要讨论的就是通过演绎推理来对论点进行下一层的阐述。

接下来，我们一起看一下下面"卖房理财"的案例：

你是一名普通的上班族，虽然月薪不低，但是你月光，根本存不到钱。最近，你的财运好像很好，你在机缘巧合下赚到一笔钱——30万，你暂时没有其他用途，为此，你想到了理财，但你对理财一窍不通，所以找了一位理财顾问。

一个小时的谈话中，这位理财顾问发挥了自己的专业特长，他滔滔不绝地为你分析当下各种理财方式，终于，他要给出最恰当的理财建议了，此时，你已经集中精力、屏气凝神，就等他开口了，然而，他却说："我们建议你将现在的房子卖了！"这简直是一个深水炸弹，你张大嘴巴问："什么？"此时的你必定是吃惊且愤怒的，甚至怀疑这位理财顾问不过是个骗子。于是，你继续问，"我向你咨询30万元人民币的理财方案，你却建议我卖房！"

接下来，演绎式逻辑论证就派上用场了，理财顾问先给出了结论：建议你将房子卖了。你是不是很想知道理财顾问是如何得出这个结论的？

"您给出的要求是一年能收益10万元，前提是你得有至少200万的本金，您还要求必须保本，现在保本理财产品的收益最高5%，因此，您的理财基数为200万元。但是您告诉我您的闲置资金是30万元，很明显，本金还差了170万元，所以您现在唯一的选择就是将房子卖了，刚好有170万元房款。"看你怒气冲冲，理财顾问赶紧解释道。

该理财顾问的解释就是一段演绎式逻辑论证，我们可以将其以金字塔结构展示出来。

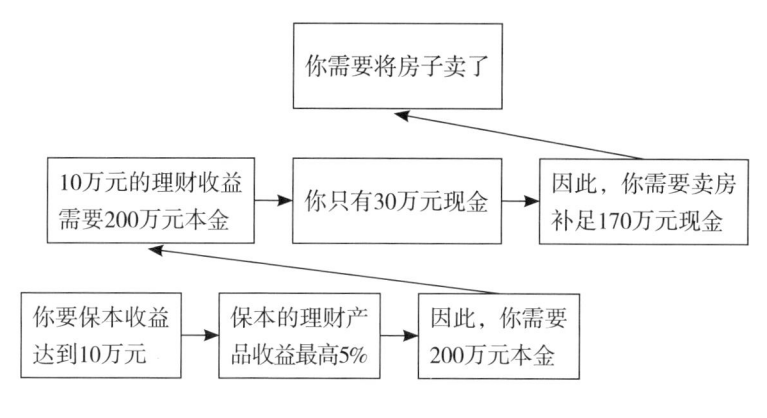

图5-1 "卖房理财"的金字塔结构图

这是一段两个层次的演绎推理，在表达时遵循自上而下、从左往右的顺序。

因此，理财顾问解释的第一句话就是第二层最左边的"10万元的理财收益需要200万元本金"。

第二句话就是按照自上而下的顺序对"10万元的理财收益需要200万元本金"这个论点进行解释，也就是第三层的内容。因此，理财顾问又讲了"因为您要求必须保本，现在保本理财产品的收益最高5%，因此，您的理财基数为200万元"。

第三句话回到第二层，按照从左往右的顺序对剩余内容进行表述，也就是理财顾问讲的"您目前只有30万元现金，因此还差170万元现金，将您手头的房子卖了正好能凑够170万元"。以逻辑论证的方式证明已知结论的合理性，是演绎推理的强项，这也是我们中国学生从小到大一直在被培训的推理方式。在学生时代，我们学习的数学证明题所培养的就是演绎推理的能力。

演绎是一个从普遍到特殊的过程，即基于已知的普遍规律（大前提），代入一个特殊前提（小前提），从而得出一个具体结论的过程。

关于演绎推理的原理，我们之前已经提及过，此处不再赘述。

"大前提—小前提—结论"的经典演绎推理在实际的工作、生活中已经演变出了很多实用的逻辑论证框架，以下是部分在表达中常用的逻辑论证框架，你可以作为参考。希望你在平时的工作、生活和学习中能有意识地积累自己的逻辑论证框架，这样有助于快速提升你构建符合三大规则的金字塔的能力：

需要有A才能成功——你无法做到A——因此，请加强做到A的能力；

需要A才能成功——你的重心不在A上——因此，请将重心转到A上；

你正朝A发展——但B更有利于你——因此，请转向B发展；

你认为A是问题——但其实B才是问题——因此，请转为应对B；

出现了问题/现象—问题/现象的原因是A—因此，请采用应对A的对策。

下面，我们以其中的"问题/现象—原因—对策"，一起演练如何通过演绎式逻辑论证构建金字塔结构。

演绎式逻辑论证最大的优势在于逻辑严谨、推导出的结论唯一且比较有逻辑上的说服力。但与此同时，它也有两点明显的不足：

（1）只要对论证中的大前提、小前提或者推理逻辑的任一环节产生质疑，那么推导出来的整个结论都会被怀疑，甚至被推翻。

（3）演绎式逻辑论证的受众在听到最后的结论时，需要记忆大量的有关现状/问题、原因的信息以及相互之间的逻辑关系，因此，对受众的注意力集中程度要求较高，一旦受众的注意力分散，则很容易跟不上逻辑论证的思路。

归纳式逻辑分组

我们已经知道，确定论点后有两种方式可以自上而下地构建出符合金塔原理三大规则的金字塔结构：一是演绎式逻辑论证；二是归纳式逻辑分组。上一节我们一起演练了演绎式逻辑论证，这一节我们一起演练归纳式逻辑分组。

与演绎式逻辑论证强调逻辑推导关系不同，归纳式逻辑分组是将上层的中心思想拆分为并列的多个论点或论据。

具体来说，归纳式逻辑顺序分组主要有以下三种形式。

1.按照时间顺序框架分组

例如：你对别人自我介绍，可以按照时间顺序来介绍，可以按照哪一年到哪年在什么单位工作来介绍自己。

时间顺序框架不仅用于时间顺序排列，还可以用于动作顺序排列。比如，早上先刷牙，再洗脸，然后吃早餐。

2.按照结构顺序框架分组

所谓结构顺序就是按照构成顺序组织各个部分，这些部分加起来就是整体。如具体实物的构成、地理位置的构成、抽象概念的构成。而且，按照结构顺序组织论点时需按照一定顺序，如顺时针、逆时针、自上而下、自东往西等。

例如：自我介绍也可以按照"生活、学习、工作"框架来介绍。

又如：公司组织机构分为总经理、副总、岗位经理、主管、工程师、工人。

3.按照重要性逻辑顺序分组

重要性逻辑顺序，就是找到事物的共性特点，再按照共性特点体现的强弱组织论点顺序，即是说先按照共性分类，再按照重要性来排序。而且，所谓的"讲三点"一般就是讲有共性的、最重要的三点，如"我的三个优点""A公司的三大支柱""国家面临的三大挑战"等。

重要性顺序是一种比时间顺序和结构顺序更难掌握的逻辑顺序，因为一旦使用不好，就会变成简单罗列。因此，我建议初学者先练习好时间顺序和结构顺序，再练习重要性顺序。

而且，要想在表达时使用好重要性顺序，我们必须掌握好重要性顺序的两个要求：

按共性归类。这是重要性顺序的基本要求，也就是将有相同特性的事物放到一起，比如，你可以将iPhone 12、华为P30、三星Note 2归在一起，因为它们都是手机，但是如果加入一个iPad Mini，那就不能再用这个特征来归类，而如果将其都归类为消费电子产品，那就是符合要求的。

按照重要程度排序。在第一个归类条件——共性满足后，第二个条件就是重要性顺序。按照重要程度排序，这要求你必须找出归类在一起的论点背后的真正逻辑关系。

从上面可以看出，归纳式逻辑分组比演绎逻辑要难一些。原因有两个：

其一，我们从小受到的教育更侧重于培养演绎式逻辑论证的能力，因此，逻辑论证的基础更好；

其二，演绎式逻辑论证只有一个演绎逻辑顺序，而归纳式逻辑分组需要选择逻辑顺序。

归纳式逻辑分组相较演绎式逻辑论证有其优点：便于受众记住要点；对关注"怎么做"的受众更有效；即使部分论点或

论据错误，结论可能依然有效。但其也有一定的局限：对关注"为什么"或逻辑关系的受众可能说服力不足，因此，部分时候需要与演绎式逻辑论证综合使用。

你可以将归纳式逻辑分组框架和演绎逻辑论证框架想象成组成金字塔的积木，它们可以任意拼凑出更大的金字塔模型。具体来说，主要有以下两种常见的金字塔结构。

先归纳式逻辑分组，然后演绎逻辑论证的金字塔结构，更多适用于口头或书面表达的场合和受众更关注"怎么做"的场合。在口头表达的场合，听众无法记忆大量的信息，因此，第一层采用归纳式逻辑分组框架，有助于听众记住你的要点。

在第二层再通过演绎逻辑论证，对第一层的论点进行说明和论证。但由于人的大脑临时记忆力有限，因此，金字塔分层尽量不要超过两层。

如果是在受众更关注"怎么做"的场合，即受众只需知道怎么做，那么，你只需运用归纳式逻辑分组，直接将分要点说出即可。

先演绎式逻辑论证，后归纳式逻辑分组的金字塔结构，更多应用于受众更关注"为什么"或逻辑有效性的场合，特别是书面表达的场合，因为人脑无法在短时间内一次性记忆太多信息。

总之，综合运用演绎式逻辑论证和归纳式逻辑分组，既可以充分发挥二者的优势，又可以避免各自的局限。而且，当你熟练掌握这两种框架时，你就能根据不同场合采用不同的组合方式。

MECE归因分析模型，结构化拆解问题

到目前为止，你已经知道了如何通过演绎式逻辑论证或归纳式逻辑分组分解上层的论点，并了解到分解后的论点或论据需要按照一定的逻辑顺序——演绎逻辑顺序、时间顺序、结构顺序、重要性顺序表达。

平心而论，在表达时——特别是口头表达时——如果你能做到以上要求，就已经很不错的了，而且也已经满足金字塔原理的三大规则。

不过，如果你想达到更高层次的表达水平，还需要检查金字塔结构的每一组论点是否符合MECE原则。

MECE原则主要是要求对问题的分解要做到不重不漏，既不要有重叠的部分以免做无用功，也不要有遗漏的部分以免考虑不周。MECE原则不仅是分析和解决问题的利器，也是检验表达金字塔的利器：表达上既不能重叠，也不能遗漏。

如果金字塔的某一组论点是依据归纳式逻辑分组框架分解的，而且应用的逻辑顺序是时间顺序或结构顺序，你就需要考

虑做进一步的MECE检查。

而且,要使每一组论点都符合MECE原则,就要使每个论点都按照一定的逻辑顺序组织,否则就无法进行有效的MECE检查。

MECE原则由《金字塔原理》作者芭芭拉·明托于1973年发明,也是麦肯锡思维过程的一条基本准则。

MECE是Mutually Exclusive Collectively Exhaustive的缩写,意思是"相互独立,完全穷尽",也就是分析问题要做到不重复、不遗漏,进而直击问题核心,并最终成功解决问题。

所谓的不重叠、不遗漏,是指在将某个整体(无论是客观存在的还是概念性的整体)划分为不同的部分时,必须保证划分后的各部分符合以下要求:

第一,各部分之间相互独立;

第二,所有部分完全穷尽。

MECE原则的最大优点在于,对于导致问题产生的因素进行层层分解,进而得出问题的根本所在,以及解决问题的大致思路。在现实的工作中,无论是业绩问题还是绩效问题,都能通过MECE不断归纳总结、梳理思路,寻找到目标的关键点。

那么,如何实现"相互独立,完全穷尽"呢?我们可以通过以下四个步骤来落实MECE原则。

1.确立核心问题

明确当下需要解决的是什么问题，以及我们要达成的目标，以及解决这个问题要确定的边界，让"完全穷尽"成为一种可能。

2.列出关键点，并且完全穷尽

围绕核心问题列出与其有关的所有关键点（例如，调研、策划方案、人员安排、场地安排等），然后深入思考，看看是不是将一切都考虑到了。如果答案是肯定的，那么你所列的内容就是"完全穷尽"的。

3.对每一项进行检查，检查其是否独立，若不独立，再对它们进行分类和归纳

当你觉得这些内容已经确定以后，再仔细琢磨它们是不是每一项内容都是独立的、可以清楚区分的事情。如果是，那么，你的内容清单就是"相互独立"的。如果不是，请对它们进行分类和归纳。

4.再检查是否每一层是否完全独立，而且穷尽

我们会发现这种呈现的结构变成了金字塔样式，每一层都是下一层内容的总结概括，而第一层是要阐述的核心问题（或观点），这就是麦肯锡推崇的金字塔思维结构。使用金字塔结构图可以比较便捷地发现是不是有重叠项。

那么，我们如何训练MECE原则呢？以下是几点建议：

第一，谨记分解目的。

把整体层层结构化分解为要素时，要谨记分解目的，找到最佳分解角度。

对于同一个项目，如果目标是分析进度，那就按照过程阶段来分解；如果目标是分析成本，那就按照工作项来分解；如果目标是分析客户消费特征，那就按照性别、年龄、学历、职业、收入等来分解。

第二，避免层次混淆。

第三，借鉴成熟模型。

第06章
衰退中的系统：如何让系统保持在你所期望的水平

1865年，德国物理学家克劳修斯首次提出了"熵"这一概念，这一概念告诉我们，任何系统都是不断衰败的，我们生存的自然界也会走向灭亡。而在思维中，要保持系统的稳定，我们就必须运用平衡反馈回路，这是一种机制，它抵制在一个方向的进一步变化。它以反方向的变化来对抗一个方向的变化，试图稳定一个系统。当平衡环路看到差距时，它将触发纠正行动，使实际水平的东西更接近期望水平。在这种情况下，整个循环是有意为之，并设计了纠正行动。

万事万物最终都会走向灭亡

对于生活中的这样一些现象，你是否思考过：为什么我们的手机、电脑等电子产品会慢慢变卡顿？

为什么刚烧开的热水不到半小时温度就会慢慢变低？

当你发现自己身材臃肿、需要减肥并下决心锻炼身体时，你坚持了几天？

为什么偷懒容易自律难？

为什么刚开始工作时人们充满激情，但随着工作时间的增长，人们开始变得僵化、速度越来越慢……

其实，这些现象的根源都在熵增定律。所谓熵，代表的是一种无序的程度，熵增表示持续不断地增加，熵增定律是热力学第二定律，表明了在自然过程中，一个孤立系统的总混乱度、总稳定度不会减小。

在了解、学习和对抗熵增定律之前，我们需要理解到底是什么熵。

1.熵的概念

在热力学中，熵代表了系统中不可用的能量，是系统的热力学参量。熵主要是衡量系统产生自发过程的能力。

在统计学中，熵代表了系统在给定宏观状态下，处于不同微观状态的可能性。熵是用来衡量系统无序性的。

2.熵增的概念

关于熵增，可以从物理学、热力学、统计学三个角度去理解。

从物理学方面来说，熵增这一过程就是整个系统从有序到无序发展的过程，并且这一过程是完全自发的。

热力学方面，熵增过程的特点是系统总能量不变，但其中的可用部分减少。

统计学方面，熵增系统的特点，就是变得越来越难描述其微观状态。

人类社会发展过程本身就是一个不断熵增、熵减的过程：

熵增就是指人类社会的混乱程度开始不断加剧，比如，经济危机、战争爆发等就是熵增在人类社会中的表现。熵减就说明人类社会开始进入到一个正常发展的状态中，俗称太平盛世。虽然宇宙理论上一直处于熵增状态，但是局部还是会出现熵减。

熵减与熵增相对应，比如，在人类社会中，有的国家爆发战争，有的国家则处于一个和平的状态，而人类社会之所以能不断向前发展，就是因为熵增和熵减的交替。

比如，战争既会促进科技的发展，也会摧毁大量的文明成果。和平发展时期，科技发展就没有那么快速了，但是文明成果能够很好地保留下来。

熵增定律的出现，让我们看到了地球、宇宙乃至所有智慧生命的最终结局——毁灭，并且，这是一个不可逆的过程。宇宙虽然广袤无垠，但是随着时间的推移，它也会不断变得混乱，最后走向热寂，这是宇宙的最终结局。

而且，熵增定律让人们明白了很多道理。例如，人类的永生之路最终也只是一个幻想，无法变成现实。

要知道，从古至今，人们对于永生的追求一直没有停止过，尤其是古代帝王将相，为了实现自己的永生梦，更是无所不用其极，但可惜的是，他们最后都失败了。此时，也许一些人会说，进入科技时代之后，人们应该不再幻想永生了，但实际上，人们更是加紧了对永生的探索步伐，科技越发达，科学家对永生的探索越多、越疯狂。

可是，熵增定律告诉我们，永生是不可能实现的。另外科学家曾经提出的永动机，从熵增定律的角度分析，也是不可能实现的。熵增定律让我们看到了万物的最终结局，这让很多人感到绝望，可是在这绝望之中，仍然隐藏着一点希望，而这个希望来自人类自身。

这样看起来，熵增定律是十分消极的，也是无人能逃过的，但是高手懂得如何对抗它。不过，熵增定律需要同时满足两个条件，缺一不可：一个是没有外力做功，另外一个是系统具有孤立性。因此，如果在外力做功以及系统开放的情况下，我们就能对抗熵增，实现负熵。

解决系统衰退的两个关键点

前面，我们提出，任何系统最终都会走向衰退，因此，如何保持系统稳定是我们需要思考的问题。

"库存（stock）"，也就是系统里面某种东西的保有量。比如，一个赚钱的系统，其库存就是你赚了多少钱。如果是科研系统，其库存就是你手里有多少个正在做的项目。库存有"输入（inflow）"和"输出（outflow）"，输入增加库存，输出减少库存。

库存可以是任何东西，比如，夫妻感情系统，库存就是两个人共同积累了多少正面的感情。输入是互相之间亲密的互动，可以增加库存；输出是各种争吵和矛盾，会消耗情感库存。如果情感库存见底了，那么婚姻系统就很危险了。

此处，我们要提到反馈回路，反馈回路分为两种，它们是库存和输入输出之间的关系机制。

一种是正反馈回路，也叫自增强回路。指的是库存里的东西越多，输入就会越大，就会进一步扩大库存。以赚钱为例，要使现金存量增多,就必须依靠正反馈回路,然而,导致系统崩溃的往往也是某种正反馈回路。

还有一种是负反馈回路,也叫平衡回路。负反馈不等于负能量,"负"的意思是"减少"。当库存太多了,负反馈回路负责减少库存。

一个系统中的正反馈回路或者负反馈回路都会存在,且各自有若干个。正反馈回路让系统保持增长或者崩溃,总是偏离平衡的,但是负反馈回路则尽力保持系统的平衡。

对你想要解决的这个问题而言,可能就有一个回路正在起主导的作用!

你如果能发现在系统里起主导作用的回路是什么,那你就抓住了系统的主要矛盾,就找到了问题的关键所在。

系统思维是高级的思维方式,没有一个操作手册让你照着做,很大程度上是一种艺术。有人说,新手学习系统思维,能把一个系统的结构看明白、画出分析图,那就很不错了。只有老手才能发现系统中的重要关节,只有高手才能提出解决方案。光纸上谈兵不行,你得深入到一个系统中去,做现场调研。

比如,你天天锻炼,如果有一天没锻炼,就会感到很惭愧。本来都是上午跑步,今天上午没跑,就得想办法下午补上。这种惭愧的心理就是负反馈回路。夫妻感情也是如此,今天吵架了,你就想赶紧补救一下,比如,一起出去吃个饭,这也是负反馈回路。

这个一般规律就是，整个系统有一个目标，系统的参与者会时刻把系统此时此刻的表现与目标作比较，如果发现表现不达标，就会采取行动。这就是负反馈回路做的事情。

一个是坏的意外，一个是好的意外。那请问，过一段时间之后，哪个意外留给人的印象会更深刻呢？

答案是坏的意外。对大脑来说，好消息和坏消息是不对称的，坏消息总是比好消息重要，坏新闻比好新闻给人们的印象更深刻。如果一个人平时对你一直很好，时间一长，你可能就不在乎；有一次，他突然对你不好，你对他的印象就可能永久地改变。更重视负面消息是人脑的一个本能，这可能是因为负面消息事关生存。

比如健身，平时你都跑30分钟，哪天你跑了35分钟，超出平常标准，但是你不会记住。可是有一天觉得太累了没有跑，这一天对你的自信心会有更大的影响。又如夫妻之间，情绪特别好的时刻不容易被记住，争吵却总是令人印象深刻。

好意外和坏意外给人印象的不对称性，会让人们对系统运行表现的评价有一个偏见。

几次意外有好有坏，发生之后，平均下来，总是坏印象占上风。如此一来，每个人心目中这个系统的表现，都比系统的实际表现要差。

人们对系统的评估变差，时间一长，就会认为系统其实配不上那么高的目标，就会默默调整目标。系统的目标被降低了，那么，从此之后，负反馈回路的作用就不再是把当前表现和最初的标准比较，而是和人们心目中降低了的标准比较。

比如，本来该纠正的问题，你不再纠正了；看见不合理的现象，员工心想上次别人也是这么干的；餐馆的服务水准在不知不觉之中降低；今天没锻炼，你会想这又不是第一次不锻炼，上周就有两次没锻炼；夫妻争吵也不弥补了，反正最近总是吵。

以此类推，就会产生恶性循环，系统就会逐渐地走向败坏。

所以，好消息也很重要。市场总是喜欢坏消息，但你不得不承认，正能量的好消息对维护系统平衡有特别重要的作用。如果你掌管一家公司，就应该多宣传表扬公司里的好人好事，让人们觉得公司充满了正能量，认为公司还是有希望的。什么叫"不忘初心"？也许就是系统最初设定的目标不能降低。

负反馈回路的作用是把当前系统的表现和系统的目标进行比较，一旦发现其中有差距就采取行动。

因为坏消息和好消息的不对称性，各种意外会使得我们对系统的印象，比系统的真实情况更差。

更差的印象会降低我们心目中的系统目标，降低了的目标会让负反馈回路的工作变得无效，结果就是恶性循环，系统逐渐走向衰败。

从快思考系统到慢思考系统的转变,能防止偏见和错误

前面,我们已经提及了提升思维力在人生路上的重要性,且分析了如何实现从水平思维到系统思维的转变。实际上,这两种思维,我们还可以称为快思考系统和慢思考系统。首次提出人类有这两种思考模式的是心理学家丹尼尔·卡尼曼,他是一个十分传奇的人物,因为他是历史上第一个获得了诺贝尔经济学奖的心理学家,也是第一位将心理学理论、心理学实验和经济学理论相结合的研究者。

实际上,在我们日常生活中,这两种思考系统都会发生作用,但又各自有缺陷。如果我们能够利用好这两种思维模式的特点,就能提高决策效率,帮助自己作出更明智的决定。

那么,快思考系统和慢思考系统是什么?对我们的思维会有什么样的影响?

相信我们都有参加同学聚会的经历,但不知道你是否曾注意到过一个问题,我们在参加同学聚会的时候,往往在开门进去的那一瞬间就能感觉到聚会的气氛如何,凭借着自己的感觉判断后我们会做出符合当时情景的举动。

这都是直觉帮我们作出的反应。

卡尼曼将这一套依赖于直觉的思维方式称为"快思考"系

统。所谓"快思考"系统，简单来说就是直觉系统，运行起来非常快，通常是在大脑毫无意识的时候它就已经迅速作出反应了，它不需要耗费脑力，也不用进行有意识的控制，往往在我们还没有反应过来的时候它就已经得出了结论。

举个例子，当我们大脑中的快思考系统运行时，往往会从我们过往的记忆中选取一部分相关信息，不经过任何理性的计算，就通过直觉得出结论。

比如，在听到苹果、榴梿、橘子等名词的时候，我们自然而然会在大脑中联想到它们的外形、味道等，这就是快思考系统运行的结果。

在前面我们也说了，我们大脑中运行着两套系统，除了无意识的快思考系统，还有有意识的慢思考系统。

慢思考系统不依赖于直觉，需要我们的大脑主动控制、主动思考才能运行，所以它只有在我们很专注做事的时候才会发挥作用。

举个例子，假设我们在做一道乘法算术题——99×99，你可能无法直接得出结果，但又想得到正确答案，就需要花费一点儿时间去计算。而这个计算的过程就需要集中注意力，需要你去主动思考，这就是慢思考系统在运行。

在这里，我们需要注意的是，快思考系统和慢思考系统并不是真实存在于大脑中的实体，也不是大脑中的一个固定部位，它们只是两种不相同的思考模式。

在日常生活当中，我们绝大部分的思考过程是快思考和慢思考这两种系统合作的结果。当我们精力充沛、意识清醒的时候，快思考和慢思考都会处于活跃状态，快思考不断捕捉外界信息，然后慢思考则根据捕捉到的信息作出判断。

也就是说，当快思考遇到问题的时候，它就会向慢思考求助。

比如，我们走在路上，看到前面有人过来或者有车过来的时候，我们会下意识地让人先行，这些往往都是习惯性动作，是由快思考系统完成的。

但如果我们走在路上，看到前面有两个岔路口，快思考系统无法给出一个明确答案，这时就需要停下来，让慢思考系统介入，然后根据道路旁边的情况判断，或者寻求别人的帮助，让自己作出正确判断。

说到这里，我们不难发现，快思考系统和慢思考系统的相互配合是构成我们思维模式的关键。

不过，卡尼曼在研究中发现，我们使用慢思考的时候需要集中注意力，但人类大脑天生就有惰性，不愿意被过度使用。

因此，在绝大多数情况下，我们的行为都是由快思考系统决定的，也就是说，我们以为自己是理性思考的时候，也基本上都是靠直觉作出判断的，没有经过理性的分析和推导就轻易下结论了。

快思考系统和慢思考系统的关系，就像电影里的主角和配角，快思考系统自带主角光环，电影里的一切都为它服务，这也导致了偏见和失误的产生。

因此，我们在作决策的时候，需要启动自己的慢思考系统，谨慎判断，仔细分析之后再作出决定。

为此，卡内曼教给了我们两种方法：

方法一：事前"验尸"。

这一方法听起来可能有点恐怖，但是这是一种极为有效的逐步激活慢思考系统的方法。

比如，你领导着某个企业，你告诉自己必须做好每个重大的决定，因为只要做错了一个决定，就有可能让公司蒙受损失。此时，我们说的这一方法就能派上用场了，作为领导者，你可以召集所有对这个决策有了解的人进行一次会议。

开会时，你可以假设现在这项政策已经在公司实行一年且结局惨败，然后让来参加会议的人在纸上写出这一决策失败的原因，接着我们可以根据这些人写的原因进行改进，进而成功规避风险。

事前"验尸"之所以可以解决问题，一方面是因为它引发出我们的怀疑和思考，另一方面是因为它能帮助决策者去探寻他们先前没有考虑到却可能存在的威胁，在一定程度上减少了无意识的快思考系统带来的损失。

方法二：饮水机闲谈。

俗话说得好："以人为镜，可以明得失。"所谓饮水机闲谈，就是领导者在作决策之前，让自己置身于一个比较轻松的环境中，比如，饮水机旁，这样能听到大家对于此事支持或不同的声音。

这些闲谈和批评既能让领导者们看清楚自己决策的弊端，又能集思广益，兼听则明，让决策更英明。

当然，最重要的一点是，比起自我批评，从外部获取他人的提示，更容易让思考慢下来，让慢思考系统运转起来，尽量避免快思考系统的直觉思维给你带来的偏见和失误。

负面偏好，是人们共性心理

当你看到半杯水的时候，会想还有半杯水，还是只剩半杯水？

当你看到孩子的成绩一科90分，另外一科50分，你的关注点在哪儿？

当你今天大部分时间都过得很平顺，但是因小失误被客户训斥了，估计一天心里都会有着阴影。

……

▶ 系统思维

事实上，这些不好的事情充其量只占一天的十分之一，但是它们却霸道地占据了我们的意识。这是因为人们都有"负面偏好"。所谓"负面偏好"是一种正常人的心理现象，意思是人会更多地注意负面信息和事件。"负面偏好"会使我们更多地把注意力放在负面的信息和事件上，不自觉地忽略太多正面、美好的事情。

就像大多数女孩子一样，小琴读完了中学、大学，毕业后参加工作，每天忙忙碌碌的生活让她过得非常充实。可是，突然有一天，她发现身边的女孩子不是在热恋中，就是已经身为人母了，而28岁的她依旧是一个人，顿时，她感觉压力倍增。更重要的是，父母每天的唠叨也让她很烦。

不是小琴没有人追，而是以前她总是觉得自己还小，不是谈婚论嫁的时候，所以从来没有认真考虑过。即使父母多次要求她，她也总是淡然地说一句"我知道"敷衍过去。而今，比她小好几岁的女孩子都结婚了，环视四周，只有自己是一个人的时候，她觉得是该考虑这个问题了。

可是，恋爱婚姻这种事情是需要一定的缘分的。她也试着和身边的追求者接触，可是没有一个人使她有那种特别喜欢的感觉。父母开始催促，朋友们也帮着介绍，但见来见去，没有一个人能给小琴她所想要的那种生活。小琴烦恼不已，婚姻问题成为她的一个大包袱,她的失眠情况也越来越严重。

转眼一年又过去了,29岁的"高龄"让小琴有点儿不知所措。身边的亲戚朋友也会时不时地询问,每每提及这个话题,小琴都感觉到痛苦不已。为此,她每天除上下班之外很少外出,很少和朋友们聚会,连她最亲最爱的姥姥,她也很少去探望了。

但是,这并没有减轻小琴的痛苦,她经常整夜睡不着,也时常反复思考自己为什么不能和别人一样组建家庭。而在家里,妈妈总是在不停地叨唠,还时不时地逼着她跟这个王大妈的儿子相亲,跟那个张阿姨的侄子见面。似乎她是卖不出去的蔬菜一样,再不出售就要过了保质期。为此,她跟妈妈发生了很多次争吵。

小琴无助地质问自己:"这到底是怎么了,难道长大有错吗?"现在的她痛苦不已,满脑子都是恋爱婚姻。下了班不敢回家,不敢见亲戚朋友,恨不得找个地洞钻进去。有时候,她想:要是死了多好,一了百了。

故事中的小琴从刚开始的失眠到后来的出现轻生想法,原因是大龄的她没找到适合的对象,倍感压力。同时,亲戚朋友的关怀在一定程度上增大了她的心理负担,再加上来自父母的催促,让她最终难以承受催婚带来的压力。

事实上,现代社会,压力已经成为很多人焦虑的根本原因，而我们只有学会自我调节，卸下压力，才能缓解焦虑症状，才能在"负面偏好"影响的世界里过得更快乐。

曾经有两个人一起旅行，他们在沙漠中行走了很久，食物早就吃完了。他们停下来休息的时候，其中一个人拿出剩下的半壶水，问另外一个人："现在你能看到什么？"

被问的人答道："只有半壶水了，哎……"

而发问的人说："我看到的是，居然还有半壶水，我们又能撑一段时间了。"

最终，发问者靠着剩下的半壶水走出了沙漠，而被问的人却在沙漠中丧生。

为什么面对同样的半壶水，两个人的想法却完全不一样？最终的结果也不一样？这就是因为他们的心态不同。你拥有什么样的心情，世界就会向你呈现什么样的色彩。

列夫·托尔斯泰说：幸福的家庭都是相似的，不幸的家庭各有各的不幸。但我想说：幸福的人各有各的幸福，而不幸的人都是相似的，因为他们都是"身在水中却看不到水的鱼"。因此，你要想变得更快乐，就要成为那条能看到水的鱼。

习惯于幸福的人会每天对自己说："今天的天气真好，一切都会顺利的。"而不幸的人会说："今天一切又不会顺利。"有时候，幸福对于我们来说只是一种选择，谁也不能决定你的幸福，只有你自己。

幸福隐藏在琐碎的事情之中，就如同点点粉末撒在日常事物之中，当我们的眼光太过于高远，就看不见那些随处飞扬的尘埃。所以，别计较太多，如果我们每天都在细数着自己身边的幸福，那么，我们的幸福指数就会一直上升，最终成为一种习惯，伴随我们左右。

终身学习，不断进步

在前面的章节中，我们知道了对抗熵增定律的两条途径，第一个是开放系统，第二个是要有持续的外力做功。而对于单个人来说，要开放自己大脑、保持成长型思维，重要的一点就是要做到不断学习且终身学习。实际上，关于努力学习、勤奋读书的重要性，历来人们已经用很多文字诠释过了，苏格兰散文家卡莱尔曾经说过这样一句话："天才就是无止境刻苦勤奋的能力。"没有艰辛，便无所获。

每一个初入社会的年轻人都需要明白，真正的知识是没有尽头的，正如有句话说："吾生也有涯，而知也无涯。"你若想不断适应变化速度逐渐加快的现今社会，就必须坚持学习，把学习当成一项终身的事业，并把这项事业贯彻到每天的生活中，如衣食住行一般。

正所谓："活到老，学到老。"终身学习，才能不断进步。一切事物随着岁月的流逝都会不断折旧，人们赖以生存的知识、技能也一样会折旧。惟有虚心学习，才能够成功掌握未来。求知与不满足是进步的必需品。

著名画家齐白石年逾90，每天仍作画5幅。他说："不叫一日闲过。"他把这句话写出来，挂在墙上以自勉。一次，他过生日，由于他是一代宗师，学生朋友很多，从早到晚，客人络绎不绝。白石老人笑吟吟地送往迎来，等到送走最后一批客人，已是深夜了。年老的人，精力是差了，他便睡了。第二天，他一早爬起来，顾不上吃早饭就走进画室，摊纸挥毫，一张又一张地画着。家里人劝他："你先吃饭呀。""别急。"画完5张后，他才用饭，饭后又继续作画。家里人怕他累坏了，说："您不是已画了5张吗？怎么还要画呢？""昨日生日，客人多，没作画。"齐白石解释，"今天多画几张，以补昨日的'闲过'呀。"说完，他又认真地画起来了。

齐白石已为画坛成功者，年迈之时仍不忘勤奋，这不正是告诉我们：奋斗不分年龄，只要你把握现在吗？

世上没有绝对的成功，只有不断努力，才能让你的成功之路走得更快、更远。年轻的朋友们，从现在起努力吧。一个人的工作也许有完成的一天，但一个人的教育却没有终点。那么，怎样才能够做到终身学习呢？为此，你需要做到以下几点。

1.要有使命意识和危机意识，及时充电

终身学习，是飞速发展的时代向你们提出的要求。21世纪是知识经济的年代，高新技术带动生产力突飞猛进，不断改变着我们的生存环境和生存方式，因此，我们需要不断提高对新知识、新科技的掌握能力，以及对新环境、新变化的应对能力。我们若仅仅满足于在学校学得的那点儿东西，不注意及时"充电"，就不能跟上时代的步伐，不能适应快速发展的社会。

2.学习要脚踏实地

对待任何事情都必须具备勤奋的态度，学习也是一样。真正的成功是一个过程，是将勤奋和努力融入每天的生活和工作中。

3.把学习当成一种习惯

如果勤奋已经成为一种习惯，那么，它就能变成一种理所当然的事。就像习惯睡懒觉的人认为早起是痛苦的，但习惯于早起的人却把早起当作一件再平常不过的事，因为早起对于他们来说已经是一种习惯。

4.要找到适合自己的学习之道，也就是方法

你可以根据自己的性格特征找到一条自己的路。比如，在看书上，每个人每天都有自己兴奋点比较高的一段时间，你在

这段时间可以看一些自己并不是很感兴趣的书籍，而在心情比较低落的时候看一些自己喜欢的书，调节一下。

爱因斯坦说："人的价值蕴藏在人的才能之中。在天才和勤奋两者之间，我毫不迟疑地选择勤奋，它是几乎世界上一切成就的催产婆。"如果能做到勤奋学习、勤奋做事，你必定会有所收获。

总之，终身学习能帮助我们不断拓展自己的学习领域，开拓自己的知识视野。孔子说："好学近乎知（智）"。学习是一种习惯，终身学习则是一种理念，兴趣是成功的一半。一个人一旦树立起终身学习的理念，就会认同"万事皆有可学"这个道理。伟大的成功和辛勤的劳动总是成正比的，有一分劳动就有一分收获，日积月累，就可以创造出奇迹。这是绝对的真理。只有勤奋才是最高尚的，才能给人带来真正的幸福和乐趣。因此，年轻人要坚定"奋斗不息，学习不止"的信念，日复一日，沿着知识的阶梯步步登高，养成丰富自己、重视学习的习惯。

积极思考，转换观念

前面，我们提出了熵增定律，并得出：我们生活的世界就是一个系统，而这个系统里的万事万物最终都会走向灭亡，很明显，这一定律是令人绝望的。认识到这一点之后，很多人变得消极悲观，对人生失去希望，但其实我们完全不必悲观失望，因为我们也有对抗熵增定律的方法——建立耗散结构和避免路径依赖。所谓建立耗散结构，指的是通过不断地与外界交换物质和能量，在系统内部某个参量的变化达到一定的阈值时，通过涨落，使系统发生突变，即非平衡相变，由原来的混沌无序状态转变为一种在时间上、空间上或功能上的有序状态。而避免路径依赖更要求我们不断挑战自我、积极进取，另外，从精神负熵的角度来说，更是要求我们在日常生活中多积极思考、转换观念，这样，才能发现出路、找到希望。

有这样一个故事：有个老太太有两个儿子，一个卖伞，一个刷墙。于是，老太太天天提心吊胆，闷闷不乐，因为晴天的时候，她担心儿子的伞卖不出去，下雨的时候，她又开始发愁另外一个儿子没法刷墙。后来，一位智者告诉她："要从多个角度看问题，你想想，下雨的时候伞卖得最多，天晴的时候刷墙正好，什么时候都不会错的。"老太太听了，笑逐颜开，再也不用为儿子们担心了。

其实，人生就是这样，无论你处于什么样的境地，只要能多角度看问题，你就会发现我们打开了另一扇窗户，你会发现人生是美好的，而曾经遭遇的那些根本算不了什么。人生之路本就是一条曲折之路，当我们被绊倒的时候，应多角度看问题，打开心灵的另一扇窗，以一种积极、乐观的态度去面对人生中的人和事。

马克·吐温说："世界上最奇怪的事情是，小小的烦恼，只要一开头，就会渐渐地变成比原来厉害无数倍的烦恼。"对于那些习惯于活在抑郁、悲观生活里的人，一点儿小小的烦恼都似一颗毒瘤，不停地在身体中生长着，最终，毒瘤化脓，而他自己则被抑郁吞噬了。悲观、抑郁被称为"心灵流感"，在现代社会，它已成为一种普遍的情绪，却并没有引起人们足够的重视。或许有人认为一点儿抑郁或悲观算不了什么，离真正的抑郁症还远着呢。但是，长时间的抑郁或悲观，会让我们感到失望，丧失心智，就好像长期生活在阴影里无力自拔，给我们的生活带来严重的影响。因此，为了使生活变得丰富多彩，我们应该远离悲观抑郁，积极调整自己的心态，走出抑郁、悲观的阴霾，重见灿烂的阳光。

哈佛心理学教授讲述了美国总统里根的一个故事：

小时候的里根非常乐观，然而，他的弟弟却是个典型的悲观主义者。有一天，爸爸妈妈希望改变悲观的弟弟，于是，他们做了一些事情：送给里根一间堆满马粪的屋子，送给悲观的弟弟一间放满漂亮玩具的屋子。过了一会儿，爸爸妈妈走进悲观弟弟的屋子，发现弟弟正坐在角落里哭泣，而玩具几乎没有被动过。爸爸妈妈询问悲观弟弟为何哭泣，悲观弟弟哭着说了原因。原来，弟弟不小心弄坏了其中一个小玩具，害怕爸爸妈妈会骂自己，所以，他哭了起来。

爸爸妈妈牵着悲观弟弟的手，来到了里根的屋子。打开门，他们发现里根正兴奋地用一把铲子挖着马粪。里根看到爸爸妈妈来了，高兴地叫道："爸爸，这里有这么多马粪，附近一定有一匹漂亮的小马，我要把这些马粪清理干净，一会儿小马就来了。"

长大后的里根做过报童、好莱坞演员、州长，最后成为美国总统，他是第一位演员出身的美国总统。正是里根乐观积极的性格造就了他最后的成功，让他得到了美国人民的喜爱和拥护。由此可见，乐观会成为人们成功路上的助推器，相反，悲观、抑郁则会成为前进路上的障碍。那些一味抱怨的悲观者，他所看到的总是事情的灰暗面，即使到了春天的花园里，他所看到的也只会是折断了的残枝、墙角的垃圾；而内心充满希望的乐观者看到的却是姹紫嫣红的鲜花和飞舞的蝴蝶，自然而然，在他的眼里到处都是春天。

而且，我们的生活状态在很大程度上取决于我们对生活的态度，取决于我们看待问题的方式。每个人的人生都是从一张白纸开始的，以后所发生的事情都会渐渐在白纸上绘出轮廓：包括我们的经历、我们的遭遇、我们的挫折。乐观者会从中发现潜在的希望，描绘出亮丽的色彩；反之，悲观者总是在生活中寻找缺陷和漏洞，所看到的是满目黯淡。

同样，生活中的年轻人们，无论过去遇到过什么磨难，你都要学会自我调节，这样，在未来荆棘密布的人生道路上，无论命运把你抛向任何险恶的境地，你都能做到积极、快乐地生活！为此，你可以这样调整自己的心理状态：

1.相信自己能做到

日本作家中岛薰曾说："认为自己做不到，只是一种错觉。"悲伤是一种消极的情绪，它会让你产生挫败感，会让你认为自己什么都做不到。而实际上，很多时候，当你绝望时，希望就在前方等着你。因此，当你能够放下悲伤，以积极的心态去面对生活的挑战时，你的生命才会有无限的可能。

2.相信自己能得到幸福

相信自己能够成功，往往自己就能成功，这是人的心理在起作用。同样，一个人如果总想着幸福，就会幸福；总想着不幸，就会不幸。人们常说的心想事成，就是这个道理。

传说，有个勤奋好学的女裁缝，一天去给法官缝补法袍，她不但缝补得很认真仔细，还对法官穿的法袍进行了加固。有人问她其中的原因，她解释说："我要让这件袍子经久耐用，直到我自己作为法官穿上这件袍子。"后来，这位裁缝果真成了一名法官，穿上了这件袍子。

所以，朋友们，请抛却那些伤心的往事吧，抛却那些失败后的懊恼吧，若想开心地生活，就必须勇于忘却过去的不幸，重新开始新的生活。

总之，我们每个人，在生活中都有可能遇到一些不顺心之事，也有可能遇到重大挫折，而积极的心态是生活的一味良药，伤心的时候乐观一点儿，孤独的时候去寻找快乐，热情而积极地拥抱生活。

拒绝得过且过，树立超前的人生态度

我们都知道，任何人的行为都是受思想指导的，因此，那些总是能在激烈的竞争大潮中独占鳌头、勇争第一的人，也都是有着超前的人生态度：思路开阔、永不止步。一个人的人生态度往往决定了他会向哪个方向走，而他又会向前走多远。如果得过且过，认为"做不到""不可能"，缺乏进取心的话，那么，他的人生只能庸庸碌碌。

> 系统思维

态度影响行动,行动影响结果,这是一连串的因果效应。想成功,自然也要有敢于突破的信念,即使失败了又如何呢,大不了重新来过。

任何致力于提升思维能力,尤其是系统思维能力的人,都要有超前的人生态度,不要只看到眼前的"苟且",还要有长远的目标,即使你的人生才刚刚开始,你也要积极为未来思考,寻找出路。没有什么达不到的目标,只要相信自己,你就有资格获得成功与幸福!我们先来看看下面的故事:

从前有位学者,一天,他带着学生们出行。

行到途中,他突然问学生:"有一种东西,速度比光速还快,甚至能穿越我们的星球,到达远方……这是什么东西?"

"是思想!"学生们争相回答。

学者继续问:"那么,还有一种东西,堪比龟速,沧海桑田、斗转星移,它依然是孩童模样,这是什么呢?"

此时,学生们都愣了愣,不知道怎么回答了。

于是,学者继续问:"还有一种东西,不进不退,不生不灭,始终定格在某个点,这又是什么呢?"

学生们更加茫然。

此时,学者才缓缓地说:"其实,三个东西都是思想,细细看来,更是我们的人生啊。"

学者停顿了会儿，然后解释着：

"第一种代表的是积极奋进的人生。当一个人永远积极向上、奋力向前，对未来充满信心时，他的心灵就是飞速进步的，总有一天能一飞冲天。第二种是懒惰的人生。他甘于现状、落于人后，这种人注定被遗忘。第三种是醉生梦死的人生。当一个人放弃人生，他的命运是冰封的，再也没有机会降临在他身上，所谓的快乐和痛苦，在他那里也就无所谓了。对于他们来说，未来甚至不存在于现实世界，也不在梦境里……"

的确，播种怎样的人生态度，将收获怎样的生命高度和深度。人只有积极向前，才能使自己的生命更有意义。

生活中的人们，你如果想在未来有所成就，渴望成功、渴望获得荣誉，就不妨从现在起，开始为你的目标积极思考吧，不要认为你办不到，不要存有消极的思想，你潜在的能力足以帮助你实现它。

一个人的天赋是上天给的，但一颗积极进取的心，却是任何人都无法给予的。天赋再高，也需要努力和勤奋的积累，否则，智慧会在玩乐中变成愚昧，聪明会在慵懒中变成迟钝，一世英明也会在不思进取中变成千古骂名。永远不要期望你可以不费吹灰之力就坐拥一切，天上不会掉下免费的馅饼，要想得到自己想要的一切，就必须靠努力使自己具备相应的素质和能力。

的确，生活中，不少人都充满理想，但一旦把自己的理想和现实联系起来，他们就退却了，就认为不可能实现理想，而这种"不可能"，一旦驻扎在心头，就无时无刻不在侵蚀着我们的意志和理想，许多本来能被我们把握的机遇也便在这"不可能"中悄然逝去。其实，这些"不可能"大多是人们的一种想象，只要你能拿出勇气主动出击，那些"不可能"就会变成"可能"。

为此，从现在起，你只需树立积极向上的人生态度，调动你所有的潜能并加以运用，努力提升自己的能力，便能脱离平庸的人群，为未来步入精英的行列之中打好基础！

第07章
语言表达中的系统思维，学会自上而下地表达

前面，我们学习了系统思维在分析和解决问题上的应用，而接下来，我们将学习系统思维在表达中的应用。系统思维的核心是"框架"，因此，其在表达上应用的核心就是将"框架"传递给受众，换句话说，就是自上而下地表达。为何在表达时——无论是书面表达还是口头表达，需要"自上而下"地传递"框架"给受众呢？这是我们在本章中要分析和解读的内容。

> 系统思维

"从结论说起"是一种有效的表达方法

在谈到系统思维在语言表达中的运用时,我们应当借鉴前面提到的金字塔原理——从结论说起。在分析这一问题前,我们可以看看下面这名求职者的自我介绍:

"大家好,我叫陈奇。我是一个知识面广、思维活跃的人。

我的学习经历分为两段:

我目前是北京××大学一名研三的学生,我的专业是经济管理与管理工程,我本科毕业于哈尔滨××大学数学与应用数学专业。

我的兴趣十分广泛,其中,我在三个方面尤为擅长:

第一是天文方面的,比如,宇宙大爆炸等;第二是历史方面的;第三是写诗。

今天我之所以想要应聘管理、咨询和市场这三类岗位,有三点原因:

(1)我觉得我擅长这三个方面的岗位;

(2)我喜欢给别人提建议;

（3）我思维活跃、擅长创新，能够采用逆向思考的方式解决别人认为的难题。"

很明显，这段陈述运用了我们在前文中谈到的金字塔原理。

也就是：表达的时候，要先讲顶层的结论部分，即"我是一个知识面广、思维活跃的人"，这样能给考官、听众一个全方位的印象。

接下来，对以下三个方面——学习经历、喜欢阅读、意向岗位——进行说明。

首先从金字塔最左边的学习经历说起，给出明确的要点"我的学习经历分为两段"。再按照自上往下的顺序，分别介绍了自己读研时的学校和专业，以及本科就读的学校和专业，让考官和听众对自己的学历背景有更深的了解，从而解释"知识面广、思维活跃"的要点。

其次介绍金字塔第二层中间的个人爱好部分，以"个人兴趣广泛"为明确论点，进一步支撑"知识面广、思维活跃"的顶层要点，并逐步向金字塔下一层展开，介绍了自己在历史、天文和写诗三个方面尤为擅长，强化了知识面广、文理结合、均衡发展的个人特点。

最后介绍金字塔第二层最右边的求职意向部分，依然明确地抛出"我今天应聘的是咨询类、管理类和市场类的岗位"的论点，同时按照自上而下的顺序展开金字塔的第三层，说明选择这几类岗位的三个主要原因：一是个人觉得擅长；二是个人喜欢给别人提建议；三是思维创新，能解决难题。

这里，这名应聘者结合了"从结论讲起"的"讲三点"，使自己的陈述要点更明确、表达更清晰。

如上所述，"从结论说起"会让你的表达（无论是书面，还是口头的）更为明确，从而更有利于读者或者听众接受你的要点。但"从结论说起"是否适用于所有的场合呢？答案自然是否定的。

"从结论说起"开门见山，能让听者第一时间接收到你要表达的要点，这种表达方式尤其适合以下两种情况：第一，以突出成果为主要目的，包括公文、商业报告和研究报告的写作，解决方案的演示，研究成果的汇报和月度/年度工作汇报等；第二，需要在短时间内说清楚一个要点、事情。

以突出成果为主要目的表达一般都是为了向受众传递一个明确的要点，并说明这个要点是如何得出的。采用"从结论说起"的表达形式符合他们接收信息的习惯，非常有助于提升你的要点被理解和接受的程度。

在表达有时间限制（你没有足够的时间或者受众没有足够的时间）时，"从结论说起"也是非常有效的一种形式，有助于你在极短的时间内传递你的要点，从而实现表达的目的。

"从结论说起"的威力很大,但这并不意味着它适用于所有场合。在某些不应该或者不能"要点先行"的情况下,采用"从结论说起"的表达形式甚至会适得其反。

举个例子:

你的孩子和邻居的儿子大牛是小学同学,你很清楚这个大牛的"德行",他简直是混世魔王,经常做出逃课、骂人、偷东西、掀女同学裙子、欺负小朋友等"恶行"。你害怕自己的孩子被大牛带坏了,也是出于对大牛的担心,你想让大牛妈妈了解大牛的成长情况,希望她能多关心和管教大牛。那么,在这个情况下,你会怎么说?

如果你采用了我们在上文中提到的"从结论说起"的方法,你的陈述可能是这样的:"大牛妈妈,你们家大牛简直坏透了,在学校什么坏事都干尽了,你要是再不多加管教,他未来会走弯路的。"此时,你说的每句话大牛妈妈都能听懂,她也知道你所说的是事实,但是你要明白,她肯定会很生气,你观察下,她是不是脸色铁青、气得一句话也说不出来?这还是她素质较高的情况下,也许她还会补充一句:"我知道了,谢谢你的提醒!"然后在心里默默地将你拉入黑名单;如果她素质稍微低一些,那么,你可能要承受她劈头盖脸地一通乱骂了。

此时,如果你能迂回表达,效果可能截然相反。

你可以这么跟你邻居讲:"大牛这个孩子性格活泼、大方,脑子聪明、动手能力强!"讲完后停一会儿,留点儿时间让大牛妈妈组织谦虚的话。

想必接下来,大牛妈妈会说:"哪有哪有,这个孩子调皮死了!"这时,你可以陈述大牛的那些恶劣行径了:"男孩子调皮蛮正常的,不过,大牛确实比一般小孩调皮!我听说他在学校逃课、骂人、掀女同学裙子、欺负小朋友,虽说都是淘气的小事,不过,如果能提醒他改改,可能就更好了!"

相信说到这里,大牛妈妈已经能明白你的良苦用心了,而且效果跟你之前的"从结论说起"完全不同,她不但会虚心接受你对大牛的投诉,心里还会对你很感激。

不得不说,中国传统文化博大精深,语言习惯更是多如牛毛,我们学习语言表达的方法时,也要结合这些传统智慧,不可生搬硬套。

如何做才能运用好"从结论说起"

在前面的章节中,我们已经了解了在口头表达和书面表达中"从结论说起"的价值、表达结构以及适用场合。不可否认的是,"从结论说起"在很多情况下都有很大的益处。那么,到底怎么做才能运用好"从结论说起"呢?下面,我们就从口头表达与书面表达两个方面分别学习如何用好"从结论说起"

的表达方式。

1."从结论说起"在口头表达中的使用：开口前在脑中进行归纳

如前所述，"从结论说起"的表达呈现为金字塔结构，在表达时"要点先行"，并按照从左往右、自上而下的顺序进行说明。

步骤一：要点先行。

事实上，任何一个口才好的人都懂得开口前要做足准备工作，其中重要的一点就是一定要在头脑中列好表达的大纲和框架，因为他们明白，如果演讲时思维混乱、东拉西扯，即使表达得再多，效果也不会好。

不难理解，列讲话的大纲和框架，指的就是预先对讲话进行总体设计，是对讲话方式、过程、意图等进行架构的过程。我们先来看看下面的故事：

杨先生今年三十岁，最近，他刚刚升职了——他被提拔为商场的楼层主管。升职的第一天，公司领导交给他的第一个任务是：进行一次就职演说。这对于学历不高、木讷的杨先生来说可是个难题，他花了将近十天的时间来准备这次演讲。他写了很多演讲稿，但是他认为，要想打动听众，还是要进行脱稿讲话。所以演讲这天，他走上公司的会议厅讲台，对所有同事

▲ 系统思维

和领导说：

"尊敬的各位领导、各位同仁！

虽然我到××的时间不长，但在这短短的半个月里，我已深深地感受到××这个大家庭的温暖，看到了××的发展前景，我也坚信我能做好这份工作。而且，我十分感谢公司给了我这样一个实现自我价值的舞台，在未来的日子里，我将继续努力，在原有的工作岗位上更加努力地工作，更加刻苦学习，做一个合格的××人。假如大家相信我、信任我，能够给我一次机会，我将在新的岗位上勤勤恳恳工作，认认真真做事，不辜负领导和同志们的希望和重托，将自己的每一份光和热都融入到××的事业中去，脚踏实地地干出一番事业。

最后，我希望能用你们的信任和我的努力作支撑，共铸××商场明天的辉煌！谢谢大家！"

这番演说表达了一个职场新人对做好未来工作的坚定决心，可谓至真至诚，自然能打动人心，获得同事和领导的支持。

在开口前，你需要将要讲的内容在脑中进行归纳，提炼出主要的要点，把它们作为金字塔顶层的起点，并用作表达时提纲挈领的一句话。

口头表达（特别是即兴表达）时，因为思考时间有限，当你无法第一时间提炼出要点时，可以考虑讲一些过渡的话语，或者通过与听众互动来争取更多的思考时间。

步骤二：从左往右、自上而下，依序说明。

要点提炼出来后，你如果在脑中想清楚了第一层的论点/论据，就可以直接按照从左往右的顺序依次表述。如果第一层的论点需要进一步论述，你可以分解到第二层，按照自上往下的顺序表述（口头表达时，建议最多不超过两层，否则听众难以记住）。

那么，万一你当时没有想全金字塔第一层的论点/论据，怎么办呢？很简单，你可以先不用说到底有几个原因，而是直接说"第一"，然后边讲边组织你的思绪，"第一"讲完后，"第二"也就想到了。

2.书面表达：锻炼提炼中心思想的能力

口头表达时，做到"从结论说起"的难点在于能否在短时间内将自己的思绪归纳为一句话，以作为表达的要点和起点。因此，"即时反应"能力是关键。

书面表达时，一般情况下，你都有足够的思考时间来组织、归纳和提炼自己的思绪，难点不再是"实时反应"能力，中心思想提炼的鲜明性成为一个新的难点。因为书面表达相较口头表达更为正式、时效性更久，读者相较听众会有更多的时间和精力对你表达的思想反复进行理解和验证。

也许你会说："我念了这么多年书，学了这么多年语文，归纳一个中心思想还不是手到擒来的事！"我当然希望提炼中心思想对你而言是一件轻而易举的事，不过可惜的是，大部分人终其一生都未能做到轻松地提炼中心思想。

截至目前，我们已对"从结论说起"的价值、表达结构、适用场合以及做到的方式都做了介绍。无论是口头表达，还是书面表达，要真正熟练掌握这种表达技巧，只靠理论是不可靠的，还需要我们进行大量的练习。只有多练习，大脑的归纳总结能力和实时反应能力才会变强，才能满足"从结论说起"的要求。

庆幸的是，在我们的生活和工作中，有很多练习和表达的机会，我们只要认真把握每次机会并努力练习，就一定能成为一个善于表达的人。

自上而下地表达，能让语言更有逻辑性

在分析这一问题前，我们先来看看下面的两串数字：

下面的14个数字，你能在3秒内记住吗？

7，2，9，6，7，1，5，1，8，3，4，3，0，5；

如果我换下一组14个数字，你能在3秒内记住吗？

0，1，2，3，4，5，6，7，8，9，7，5，3，1；

以上两串数字完全相同，只是因为一组是乱序排列，另一

组按一定的规律排列,因此,你记忆的难度就大为不同了。

前面,我们分析过,世间万物都处于系统中,而框架就是对系统构成元素以及元素间有机联系的简化体现。因此,人类大脑在处理信息的时候本能地想将其组合为能够被认知的框架,以反映对事物的理解。如果传递给你的信息容易被组合为框架,那么,你的大脑就容易理解并产生愉悦感;如果传递给你的信息难以被组合为框架,那么,你的大脑就会觉得这些信息晦涩难懂,进而产生头疼、厌恶等感觉,有时甚至会直接"罢工"。

的确,生活中,我们常常认为一个人会说话的标准就是他滔滔不绝、能说会道。而其实,判断一个人口才好坏的标准并不是这两条,真正的口才并不是一味地说得多、说得快,而是要有逻辑、有条理、有针对性地表达我们的想法,也就是要说对话,这是语言表达中的重要要求。那些会说话的人,他们的语言能被组合为框架,能让听众很清楚地了解其中心思想,能把道理有条理地讲出来,不会让别人感到混乱;会说话的人,说起话来轻松自然,任何人都能够很快理解他的意思;会说话的人,是通过说话来表现自己,通过说话来增加别人对自己的好感。

相反,我们也发现,有这样一些人,他们在说话时,作为听者,我们总是听不清楚他在说什么,他似乎总是在自说自

> 系统思维

话,我们想了解的,他们也不会告知。这样的沟通是无效的,原因就是他们的讲话难以被组合成你能够认知的框架。

既然你已了解到是否有框架和框架的容易认知程度,是对方能否轻松、有效地接收到你所传递信息的关键,那么在表达时,你就需要用一个框架将零散的信息组织起来,并第一时间将你的框架传递出来,这样就能够大大减轻受众大脑的负担,使他们能轻松地理解你表达的意思。这就是系统思维对表达的要求——自上而下地表达。

在自上而下的表达中,我们经常听到"下面我简单讲三点""主要原因有三点"之类的表述,使用这类表述,能让表达更清晰和具备逻辑性。

一天,一个男人来找他的律师,他说他要和自己的妻子离婚,不过他承认,他的妻子很漂亮,也是个好厨子和模范母亲。接下来,是这个男人和律师的对话。

"那你为何还要离婚?"他的律师问。

"因为她一直在说,说个不停。"男人答。

"那她都说些什么呢?"律师问。

"这就是问题,她一直说,但我一直都没搞明白她在说什么。"男人说。

其实，在生活中，也有不少人在这一方面让听者很讨厌，他们虽然在不停地表达观点，但是就是说不清楚，也从未将其想表达的意思表达清楚。

当然，在谈话中，有时为了加强表达效果，我们也可以变更说话条理及顺序，但这基于我们有清晰的逻辑思维能力，明白自己所要陈述的重点，并能合理地利用各事物之间不同顺序体现出不同的侧重点。

首先，在开口之前，你心中必须有一个总的提纲，也就是要明白你这次说话要达到什么样的目的，然后在表达中将这些点一一落实。

如果想让对方对你所说的话产生思路清晰的感觉，那么，你最好在说话时告诉对方你要表达的几个重要的点，比如，你可以说，你有几个重点，现在你讲的是哪一点，接下来你又准备讲哪一点。

"我的第一点是……"你完全可以这样坦白地说，然后再说第二点，这样一步一步地说到结束。

经济学家保罗·道格拉斯也曾巧妙地将这一方法运用到会议中。要知道，这一商业会议曾一度停滞不前，会议上，他以委员税务专家和伊利诺伊州长参议员身份讲演。

他这样开始："我的主题是：最迅速、最有效的行动方式，是对那些几乎会用掉全部收入的中、低收入民众实行减税措施。"

然后用这样的方式继续他的演讲：

"具体说……

"进一步说……

"此外……

"有三个主要的理由……第一……第二……第三……

"总而言之，我们要做的，就是立即对那些中、低收入民众实行减税措施，以此来增加需求与购买力。"

罗夫·J.邦茨博士任联合国助理秘书长的时候，在纽约州罗契斯城市俱乐部主办的演讲会上发表过重要的演讲，从开始演说时，他就运用了这一受人欢迎的坦率的讲话方式。

"今天晚上，我要演说的题目是《人际关系的挑战》，选择这个题目有以下两个原因，"他说，"首先……其次……"从开口到演说结束，他都在努力地让听众听明白他说的每一个部分，然后逐步带领听众得出结论："我们不能对人类向善的天性失去信心。"

不得不说，说话没有条理的人常让人产生不信任的感觉，常因为轻率的言语将人引入信口开河、离题万里的泥潭。说话没有组织、与人交流毫无逻辑可言，反映出一个人思维的混乱，这样的人，也不会有人愿意跟他打交道。

另外，想要说话有条理、有逻辑，首先要具备敏锐的观察力，能深刻地认识事物，只有这样，说出的话才能一针见血，并准确无误地道出事物的本质；其次，思维能力一定要严密而有逻辑，懂得怎样分析、判断和推理，如此才能把话说得有理可循、有条不紊；最后，还要具备流畅的表达能力，知识渊博、谈资范围广，才能把话说得生动有趣。

交谈中，说话毫无逻辑、前后矛盾、语无伦次、词不达意是无法进行交流的，与之相对的，就是有条理地说话。这要求我们做到根据交谈的中心内容所涉及的话题程序安排好先后顺序，力求达到"众理虽繁，而无倒置之乖；群言虽多，而无梦丝之乱"。

开口前就要认真构思，掌握大致框架

日常生活中，语言是我们沟通的主要媒介，语言的重要性自不必说。语言大师林语堂有"语言的艺术"一说，意思就是，语言不是一般的工具，使用起来不同于其他工具。俗话说："锦于心而秀于口。"我们说话并非单纯的口舌之技，而是一种高度复杂的脑力劳动过程。严格地遵循一套公式，循规蹈矩，就会失去固有的灵活性，让人感到索然寡味，从而丧失了继续听下去的兴趣。因此，我们应该学会在较短的时间内在不同的场合灵活说话，而这就要求我们开动脑筋，懂得运用全局思维、把握讲话局面，从而提升自己的讲话水平。

另外，口才训练大师卡耐基强调："一个人的成功，只有15%归功于他的专业知识，还有85%归功于他表达思想、领导他人及唤起他人热情的能力，即其驾驭语言的口语表达能力。"一个语言表达能力强的人必定有较强的思维能力。事实上，也只有那些具备较高的思想水平和认知水平的人，才能在自己讲话时高屋建瓴，并且从全局和事物发展的大势上把握问题、思考问题和解决问题，自然，他们也能够以自己的魅力征服听者。

因此，我们在开口前就要在头脑中构造讲话的主体思路和大纲，然后根据自己的语言、思路来发挥，这样才能有更好的表达效果，进而得到别人的支持和赞扬。

那么，具体来说，我们该如何构思讲话的环节和内容呢？这需要我们从三个方面努力。

1.整体内容的构思

首先要从整体把握。这就需要我们根据讲话的目的和场景，来确定说话的主题，并搜罗那些能验证我们观点的材料。在构思的过程中，在对材料进行分析与加工时，你要确定哪些材料可以用，哪些不可用，以及哪些在加工后才能用，从而使自己讲话的主题建立在有充分证据的基础上。这样不但会让讲话内容更充实，也会让自己在讲话时更放松、更有自信。

2.对讲话的结构与过程进行构思

任何目的的讲话,都要注重其形式。我们会发现,即便是一模一样的说话内容,在被不同的人讲出来之后,所产生的效果也是差之千里的。这是为什么呢?

因为他们处理讲话结构的方式不同。一场绝妙的讲话包括开场白、中间部分和收尾,人们常常将这三个部分形象地描述为"凤头、猪肚、豹尾"。

在构思这三个部分时,你需要注意的是,在第一部分中,不可操之过急,而应该先将听者的注意力吸引过来,然后再展开内容,这一部分要求语言设计巧妙,有吸引人的强烈效果。中间部分则应该层层递进,不断制造高潮,引导听众的思绪,同时语言要充实、舒展,能将要表达的内容完整准确地表达出来。结尾部分则应该用简洁有力的话语迅速收住,不拖泥带水。

3.关键环节的构思

讲话要引人入胜,还必须巧妙设计一些关键环节。

那么,什么是关键环节呢?要么是对听者兴趣的激扬,要么是对话语内容的强调。幽默、悬念等话语,是能够让观众高兴、为观众提神的话语,在整个讲话进程中合理布局这类话语,可以让观众处于持续兴奋状态,是激发兴趣的关键点。而需要观众认真去听的某些内容,则可以通过重音,通过敲击声,通过向观众提问来提醒他们注意。

总之，是否进行认真的构思，是否列好框架和大纲，将直接影响讲话的水平与效果。脉络清晰、构思详细准确，讲话将更流畅、更充实，否则难免在讲话中出现各种纰漏。

让语言更有逻辑性的训练方法

现代社会，无论是工作还是生活中，我们都需要与人交流，但是许多情况下，人与人之间并没有真正实现交流，或者交流效果不佳。谁都会说话，但是要想把话说得有条不紊、条理清晰，却并非易事，这需要我们注重逻辑思维，即先说什么，再说什么，最后说什么，要做到心中有数。

《庄子·秋水》中讲了这么一个故事：

一次，庄子和惠施在濠水的一座桥梁上散步。

庄子看着河中的鱼儿说："鱼儿在水里自由地游来游去，它们真快乐呀。"

惠施反驳说："你又不是鱼，怎么能够知道鱼儿的快乐呀？"

庄子说："你又不是我，怎么知道我不知道鱼儿的快乐呢？"

惠施哑口无言。

庄子是十分机智的,他的话不多,却抓住了对方言语之中的漏洞,用短短的一句话就让惠施哑口无言了,同时也给自以为很聪明的惠施一个当头棒喝。而这里,庄子的机智便来自其逻辑思维能力。

生活中,我们每个人都希望成为这样睿智的人,能拥有可以信手拈来的逻辑口才。然而,要想掌握逻辑口才,我们就要多练习,多给自己创造机会表达,当我们适应了表达时的压力和焦虑情绪,学会了在众人面前放松自信地说话,逻辑思维就能够很好地展现出来。为此,要想获得好的语言表达能力,我们需要做到以下几点。

1.抽象思维培养

逻辑思维的强度如何,还要看抽象思维的强度。从宏观角度来讲,一个人的逻辑思维能力如何,与其受教育程度有关。一个人的受教育程度越高,其抽象思维能力越强,对于事件的逻辑处理能力就越强,表达能力也就越强。

2.训练多角度思维的习惯

对于我们看到的任何一个问题,我们所能给予的解释都绝对不止一种,比如,任何一门学科,都有不同的研究方向,这就好比一个单一的问题,从不同的角度理解,得到的答案也不同。

当然,要学会从多角度来观察和分析问题,还需要我们养成良好的习惯，这样，不仅能帮助我们更好地认识事物的多面性，也能帮我们避免自己思维的局限性和单一性。

3.勤写作

表达能力的获得也是一个过程，不是一蹴而就的。对于表达能力有限的人来说，可以先从书面表达开始。与口语表达不同的是，书面表达可以给予你足够的时间思考，让你仔细琢磨用词和逻辑严密性。你所书写的内容可以是有目的性的论述，也可以是比较随意的生活感悟等。

4.多阅读

阅读是一个吸收抽象知识和归纳提炼的过程，尤其是阅读枯燥的哲学书籍，更是我们提升自己这一思维方式的重要方式。

遇到这样的书，一定要认真品读，甚至时不时地回顾已读过的章节，重新整理自己的理解和思路，以得出自己的见解。

5.多参加辩论

在条件允许的情况下，不妨试着参加辩论比赛，这是一个锻炼逻辑思维和逻辑表达的极好方式。一方面，赛前的准备工作就是一个梳理自己逻辑和组织语言的过程；另一方面，临场的时间压力也可以提升你的反应速度和信心。

6.少说多听

说话有逻辑的人，在说话的时候未必很快，也就是说，说话有逻辑和反应速度并没有必然联系。所以，如果你是一个反应速度不太快的人，也不要因此觉得自己没法有逻辑地表达。

另外，善于聆听，也能够让你有很多机会去观察他人讲话的逻辑，并且去尝试模仿。你可以一边听，一边在心里默默列出对方表达的主要意思，按顺序排列，甚至可以尝试在表述完之后把听到的东西总结陈述出来。

7.拓宽关注的广度

逻辑表达能力差的人，通常注意力也比较狭窄，他们在听别人说话、读书的时候，会只关注到某个细节，并且在回想的时候也会死抠这些细节。

所以，说话有逻辑的重要方法之一就是扩展自己的注意力，在时间和逻辑的维度上都广泛关注前后所有的内容，而不只是此时此刻听到的内容。

比如，一个人正在和你讲他单位的某个同事，你听到的都是对于这个同事的负面描述，如这个同事比较小心眼儿，不太豁达。此时，你不光需要关注这个描述，也需要看看过去的几分钟时间里，除了"小心眼儿"，还有哪些描述出现，它们之间的关联是什么，接下来又有可能出现哪些描述，这是时间维度上的拓宽。

同时，你也可以去关注"小心眼儿"这个描述是否准确，这个人用"小心眼儿"这个词是不是他的真实意思，是否有其他动机，这个描述可能给两人关系带来什么样的影响等，这是逻辑维度上的拓宽。

当然,无论哪一种方法,最重要的还是要多练习。毕竟,没有人天生就善于有逻辑地表达。善于不善于,主要是靠经验积累。一个很少说话的人,即使很有逻辑,也未必能表达得很清楚。一个经常说话的人,就算没什么逻辑,听上去也会相对比较顺畅流利。

整体把握讲话时间,避免重复啰嗦

生活中的人们,你是否有这样的经历:公司组织开会,刚开始你还觉得开会的领导说话比较有趣,你饶有兴致地听着,半个小时过去了,他依然在重复自己的观点,你的注意力开始分散了;又过了一个小时,你开始不耐烦了。而且你发现,周围的同事好像也开始打瞌睡,有的人甚至已经玩起了手机,而讲话者还在喋喋不休地说着……很明显,这场讲话是失败的。而它失败的一个重要原因就是啰嗦重复、没把控好时间。

事实上,任何形式的讲话,我们都要控制好时间,哪怕是讲述十分重要的内容。但是,在向听者阐述观点的时候,我们又不可能一直不停地看表,于是,不少新手会发出疑问,到底该怎样掌控讲话时间呢?答案就是事先排练,即根据排练的时间来安排自己的控场时间。具体来说,我们可以这样做:

1.归纳总结你要讲的要点

要点不明确，就会导致你在讲话的时候不着边际，听者找不到你说话内容，自然就会不耐烦，时间也就浪费了。

除此之外，总结讲话要点，也有助于我们应付意外情况。比如，在讲话开始了一段时间后，你却被突然通知，讲话时间由45分钟缩短至20分钟，此时如何是好？如果已经明了讲话的要点，那么，你便能将大致观点传达给听者，以达到自己的说话目的。

2.掌握要说的每部分所占的时间比例

任何形式的讲话，都能划分成开场白、主要内容和结尾部分。一般情况下，主要内容应该占全部讲话的75%。那么，现在来回想一下，你是否在开场白部分花去了太多时间？

表达时，合理分配各个部分的时间能让我们更灵活地调整说话的内容。比如，原本你已经在某个要点上花了5分钟的时间，但那时听众热情高涨，你不得不为此延迟3分钟，那么，在接下来你要说的第二点或者后面的内容上，你就不得不省3分钟时间了。

另外，你还应该把细节问题考虑进去，比如，每个细小的部分应该占用的时间，你可以在纸上将这些记录下来。又如，你可以在开场白的笔记右下方标记"2分钟"，在第一个要点后记"5分钟"，在第二个要点后记"8分钟"等。

3.删除一些不必要的细节

无论要谈论的主题多么复杂,你都不能拖拖拉拉,找不到重点,而应该化繁就简,把它压缩成一段在时间上短得多的讲话。因为大家的时间都是宝贵的,谁也不想听你啰嗦。

4.控制你的说话语速

这一问题在那些新手身上出现的较多,他们在讲话时语速过快,使得很多重要的地方得不到澄清。排练越接近实际情况,对时间估计的误差越小。

5.适当看表

有些人对时间的估计非常精确,不需要外在的提示。你如果不太善于估计时间(我们大部分人都没有这种能力),则要坦然地把自己的手表摘下来放在自己看得到的地方,或者请听众席上的同事到时候向你发出信号,但是要避免过于依赖钟表。

此外,你可以把开始和结束的时间记下来。手表指针的运动会给你一种压力,让你不太自然。比如,如果觉得自己讲得太慢,那么在最后一分钟,你可能会把速度加快一倍,或者在相反的情况下,把自己的语速放慢,用使人昏昏欲睡的口吻把句子拖得很长。如果能够为每个部分的讲话定时,则对讲话时间的控制帮助很大。

事实上,那些有经验的人始终明白讲话的每个部分应各占多长时间。即使讲话时间在总体上控制得非常好,他们仍然希望再把时间分割得更加细致一些。明白时间的长短有助于随时进行调整,这是当众讲话过程中经常出现的情况。

总之,无论你讲话的内容有多长,你都要明白听者的注意力维持的时间跨度是有限的。因此,我们最好学会如何控制讲话时间,并在有限的时间内将自己的想法和观点以最深刻的语言传达给听者,以达到我们的讲话目的。

有始有终,任何讲话都不能虎头蛇尾

我们都知道开场白的重要性,但对于结尾,似乎很少有人愿意在这一问题上精雕细琢,他们仅仅是轻描淡写地草草收场,结果可想而知:费尽口舌发表的长篇大论很快就被人们遗忘。要想使人记忆深刻,你的结尾必须像开场白一样气势磅礴、掷地有声、简洁有力。只有这样,才能做到首尾呼应。因此,从系统思维角度看,我们可以从以下几个方面来结束谈话。

1.总结主题

我们的任何一场讲话,都有一定的目的,在讲话者进行了一段慷慨激昂的陈词之后,可以用极其精练的语言,简明扼要地对自己阐述的思想和观点作一个高度概括性的总结,以起到突出中心、强化主题、首尾呼应、画龙点睛的作用,这就是总结式结尾。

事实上，我们看到的更多的是，很多只有5分钟的讲话，讲话者也会在自己没有意识到的情况下将范围覆盖得很广泛，而到了结束的时候，他们的主要论点还是没有清楚地传达给听者，导致听众对他们主要想表达什么还是云里雾里。

只有很少的演讲者注意到了这个问题。大部分人错误地认为，观点在他们的脑海中已经十分鲜明，那么，在听众的脑海中应该也是同样清楚才对，但事实并非如此。你所说的任何一句话对听众来说都是新鲜的，他们事先并不和你一样经过深思熟虑，所以，这些观点就好像你丢向他们的弹珠，有的可能真的丢到了听众身上，但是大部分还是掉在了地上。听众可能会"听到了一大堆的话，但是没有一样能真的记在心里。"

接下来这一脱稿讲话的演讲者是来自芝加哥一家铁路公司的交通经理：

"各位，根据我们在自己内部操作这套信号系统得出的经验，也根据我们在东部、西部、北部使用这套机器的经验，我们得出的结论是，它的操作简单、准确。另外，它在一年内能通过阻止撞车事件发生而节省下一大笔金钱，因此我们迫切地建议：立即在我们的南方分公司采用这套机器。"

这段演说词的成功之处不言而喻。我们完全可以不看之前的部分演讲，就从这段话中感受到整个演讲的中心观点。他用几个简单的句子，就总结了整个演讲的全部重点内容。

2.重述开头

重复式的结尾方式是强有力的——非常清晰，并且能够在讲话中创造出一种节奏感，维持说者与听者之间的联系。对于任何一种讲话来说，这都是一种安全、自然的结尾方式。

我们可以在讲话中运用以下这些收尾话术：

"我已经说过，同事们，你们都是全公司最优秀的团队。每年，你们都以公司最优秀员工的身份站在领奖台上，你们已经无数次向其他人展示怎样才能取得优异的成绩。我很高兴，也很荣幸能够和你们一起走向成功。"

"可见，我们必须学习一些新软件的操作方法，以便接受并掌握总部所投资的新型顾客数据库系统。"

"说实话，我们现在不得不改变我们为顾客服务的方式，为那种逐一追踪的销售模式划上一个句号，并创造一个新的系统，让我们随时了解生产线上每一产品的情况。"

"请你们接受管理方式上的转变，并祝贺与支持詹妮弗升任我们的区域销售总监。"

这虽然不是一种别致、激动人心的结尾方式，但是能帮助你重申讲话主题，帮助你巩固信心。特别是当你振奋精神，让你所说的最后几句话具有了一种像音乐一样的旋律时，这种结尾方式对你最为有利。

3.道明自己讲话的目的，请求听者行动起来

对于这类目的的讲话，当你说到最后几句，讲话时间已到时，就要立即开口提出要求。比如，要听者去参加社会募捐、选举、购买、抵制等其他任何希望他们去做的事。当然，这也需要遵从几点原则：

（1）提出的要求要明确。

别说："请帮助红十字会。"这是含糊不清的请求，应该说："今晚就请寄出入会费一元给本市史密斯街125号的美国红十字会。"

（2）要求听者作能力之内的反应。

别说："让我们投票反对'酒鬼'。"这不可能办得到，因为眼下我们并未对"酒鬼"进行投票。不过，你可以请求听众参加戒酒会，或捐助为禁酒奋斗的组织。

（3）尽量使听者容易根据请求行动。

不要对听者说："请写信给你的参议员投票反对这项法案。"绝大部分的听众是不会这么做的，原因多种多样，要么是他们不会有如此强烈的兴趣，要么是他们觉得麻烦，要么是他们根本就不记得。因此，你的请求要让听者听起来觉得简单易行才可以。具体怎么做呢？自己写封信给参议员，并在上面附上："我们联名敦请您投票反对第74321号法案。"然后把你的信和铅笔在听众之间传递，这样你或许会获得许多人签

名——当然,最后,可能你的笔也找不到了。

总之,任何形式的讲话,都不可虎头蛇尾,最好做到首尾呼应,这样,不仅照应了开头,而且还升华了讲话的主题。

第08章
经济现象与系统思维,富人为什么会越来越富

在现代商业社会,一个人能不能生存下来以及生存状况如何,要看他有没有较强的竞争力。而你若想赚到钱,若想在竞争中获胜,那么,你要与人拼的不仅仅是才能、素质等,还有头脑。运用系统思维,了解穷者为什么越穷,富人为什么越富的现象,你就能洞悉富人的致富思维,也能找到自己的致富方向。接下来,我们就带着这样的疑问来了解本章内容。

↑ 系统思维

马太效应——为何贫者越贫，富者越富

生活中的人们，你如果有过投资经验，可能就会发现：在投资回报率相同的情况下，本金比别人多十倍的人，收益也是别人的十倍；在股市中，资金雄厚的庄家能兴风作浪，而小额投资者常常血本无归；大企业能利用各种营销手段推广自己的产品，而实力不足的企业只能夹缝里求生存。

的确，我们的现实世界本就是一个系统，只要运用系统思维，就能理解为什么强者恒强、弱者愈弱，这是一条残酷的生存法则。20世纪60年代，社会学家罗伯特·莫顿首次将"贫者越贫，富者越富"的现象归因为"马太效应"。他认为，现代社会中的游戏规则往往是那些社会赢家制定的。而"马太效应"来源于《新约·马太福音》中的一个故事：

从前，有一个国王要远行。在出门前，他交给他的三个仆人三锭银子，并吩咐他们说："这些钱是我给你们做生意的本钱，等我回来时，你们再带着赚到的钱来见我。"

一段时间后，国王回来了，他的第一个仆人说："陛下，

你交给我的一锭银子,我已赚了10锭。"国王很高兴并奖励了他10座城池。

第二个仆人报告说:"陛下,你给我的一锭银子,我已赚了5锭。"于是,国王便奖励了他5座城池。

第三个仆人报告说:"陛下,你给我的银子,我因为害怕丢失,所以一直包在手巾里存着,没有拿出来过。"

国王一听,气不打一处来,便将第三个仆人的那锭银子赏给了第一个仆人,并且说:"凡是少的,就连他所有的,也要夺过来。凡是多的,还要给他,叫他多多益善。"

这一现象被人们称为"马太效应"。马太效应,指强者愈强、弱者愈弱的现象。事实上,在我们的生活中,马太效应处处存在。

以一个班级为例:在一个班级里面,那些学习上的尖子生,老师就会认为他们在其他方面也是优秀的,并对他们抱以很高的期望,于是,在这种激励下,他们的表现会越来越好,而那些学习成绩差、调皮的学生,就会受到老师的冷落、同学们的孤立等。

再以职场为例,那些在工作上小有成就的员工,在获得奖励和鼓励后,他们的工作积极性会更高,业绩也会越来越好。而那些表现一般的员工,在被冷落后,也就逐渐变得消极、当一天和尚撞一天钟，到最后，他们也就成了公司可有可无的人。

生活中的不少年轻人看到了马太效应，他们因此认为，致富是富人的游戏。事实上，没有永远的穷人，也没有永远的富人，你能成为怎样的人，关键就看你想不想拼搏，想不想学习。从真正意义上说，富人与穷人的区别就在于此。曾经有人说："人们往往容易把原因归结于命运、运气，其实主要是因为愿望的大小、高度、深度、热度的差别。"可能你会觉得这未免太过绝对了，但事实上，这正体现了心态的重要性，废寝忘食地渴望、思考并不是那么简单的行为。要做富人，你就要有强烈的成功愿望，并不知不觉地把它渗透到潜意识里去。

只有经过千锤百炼，才能成为好钢。我们完全可以摆脱曾经消极的想法，成为一个积极向上的人，培养自己的热忱，找到自己的目标，我们就能为现在的自己做一个准确的定位。下面，是在一家外企做人力资源主管的乔治的一次经历，或许可以给我们一些启示：

我刚应聘到这家公司时，曾接受过一次别开生面的强化训练。

那是在青岛的海滨度假村，我和同伴们沉浸在飘忽而又幽婉的轻音乐里，指导老师发给每人一张16开的白纸和一支圆珠笔。这时，主训师已在一面书写板上画了一个大大的心形图案，并在图案里面写上了三个字：我无法……

然后，他要求每个成员在自己画好的心形图案里至少写出三句"我无法做到的……我无法实现的……我无法完成的……"再反复大声地读给自己、读给周围的伙伴们听。

我很快写出三条：

我无法孝敬年迈的父母！

我无法实现梦寐以求的人生理想！

我无法兑现诸多美好愿望！

接着，我就大声地读了起来，越读越无奈，越读越悲哀，越读越迷茫……在已变得有些苍凉的音乐里，我竟备感压抑和委屈，泪眼模糊起来。

就在这时，主训师却把写字板上的"我无法"改成了"我不要"，并要求每位成员把自己原来所有的"我无法"三个字划掉，全改成"我不要"，继续读。

于是，我又接着反复地读下去：

我不要孝敬年迈的父母！

我不要实现梦寐以求的人生理想！

我不要兑现诸多美好的愿望！

结果，越读越别扭，越读越不对劲儿，越读越感到自责和警醒……

在轰然响起的《命运交响曲》里，我终于觉悟：我原来所谓的许多"我无法……"其实是自己"不要"！

而此时，主训师又把"我不要"改成了"我一定要"，同样要求每位成员把各自的所有"我不要"三个字划掉，改成"我一定要"，继续读。

我一定要孝敬年迈的父母！

我一定要实现梦寐以求的人生理想！

我一定要兑现诸多美好愿望！

越读越起劲儿，越读越振奋，越读越有一种顿悟后的紧迫感……在激荡人心的歌曲声中，我豪情满怀，忽然有一种天高路远、跃跃欲试的感觉和欲望。

生活中的人们，即便现在的你是穷人，你也不能放弃致富的愿望。要知道，生活中最大的危险不是源于别人，而是源于自身。一个人如果总是意志消沉、消极怠慢，那么，即使曾经的他有再大的雄心和勇气，也会被抹杀，他最终也会止足不前，一生碌碌无为。因此，我们要为自己的人生负责，每天做好一点儿积累，这样我们才有可能触及财富与幸福。

打破规则，懂得借力借势找到财富之路

生活中，我们每个人都想赚钱，然而，根据马太效应，似

乎富者越富，穷者越穷，这是因为富人掌握了更多的资源、人脉，制定了这一系统内的游戏规则。于是，很多人产生疑问，难道穷就无法赚钱和致富了吗？答案当然是否定的，这需要我们打破规则、通过迁移、适应和进化来摆脱这种竞争性排斥，其中重要的方法之一就是借力打力，找到捷径。这样，你就能找到自己的财富之路。当然，这还需要我们开动脑筋。

在美国乡村，有个老头和他的儿子相依为命。

一天，一个人找到老头说要将他的儿子带去城里工作，老头愤怒地拒绝了这个人的要求。这个人又说："如果你答应我带他走，我就能让洛克菲勒的女儿成为你的儿媳，你看怎么样？"老头想了又想，最终被能让儿子当"洛克菲勒的女婿"这件事情说动了。这个人精心打扮后，找到了美国首富、石油大王洛克菲勒，对他说："尊敬的洛克菲勒先生，我想给你的女儿找个对象。"洛克菲勒说："快滚出去吧！"这个人又说："如果我给你女儿找的对象是世界银行的副总裁呢？"于是，洛克菲勒就同意了。最后，这个人找到了世界银行总裁，对他说："尊敬的总裁先生，你应该马上任命一个副总裁！"总裁先生摇着头说："不可能，这里有这么多副总裁，我为什么还要任命一个副总裁呢，而且必须马上？"这个人说："如果你任命的这个副总裁是洛克菲勒的女婿呢？"总裁立刻答应了。

在这个人的努力下,那个乡下小子不但娶了洛克菲勒的女儿,还成了世界银行的副总裁。

这是一个财富故事。苏格拉底说过,真正高明的人,就是能够借助别人的智慧,来使自己不受蒙蔽。那个乡下小子之所以能成为世界银行的总裁,还能娶到洛克菲勒的女儿,就是因为人脉。

的确,人脉虽不是直接的财富,却能为我们带来财富,没有人脉,你追求成功与财富的路就比别人更艰辛。举个很简单的例子,你是个满腹经纶的人,而且,你的专业知识也过硬,还有舌战群雄的口才,但这并不意味着你能促成一次重要的生意场上的商谈。而若有人站出来为你一开金口,那么,商谈成功就会变得容易许多。

可以说,犹太人是精于借势的最佳代表。犹太人之所以能在商界和科技界有众多的成功者,就是因为他们普遍具有善于借助别人之智的本领。

犹太人密歇尔·福里布尔经营的大陆谷物总公司之所以能从一间小食品店发展成为一家谷物交易跨国企业,就是因为他懂得借力。密歇尔不惜花重金聘请具有真才实学的高科技人才来为自己效力,还引进了先进的通讯科技设备,因此,其公司信息灵通，员工操作技巧精湛，竞争能力总胜人一筹。他虽然付出了很大代价才取得这些优势，但他借用这些力量和智慧赚回的钱远比他支出的多得多，可谓"吃小亏占大便宜"。

然而，我们的长辈总是这样对我们谆谆教诲：凡事靠自己！意思是鼓励我们独立自主，靠自己的努力寻求成功。然而，这不过是穷人思维，富人们深知单打独斗不可能成功。俗话说："一个篱笆三个桩，一个好汉三个帮。""在家靠父母，出门靠朋友。"世界首富比尔·盖茨经常被问到他是如何成为世界首富的。他每一次的回答都是，因为我请了一群比我聪明的人来帮我工作。所以说，一个人的成功并不取决于他自己的力量有多大，而是取决于他能够借助别人力量的能力有多强。因此，如果你觉得脚下的路太难走，那么，很有可能是因为你没有找到捷径。现代社会，我们任何人要想拥有财富，就要懂得借力。

我们先来看下面一个故事：

小王从小就有个梦想，那就是当一名演员。如今，令他苦恼的是，虽然自己长相很好、也很有实力，但一直缺少机会崭露头角，那些名导演、名制片人似乎都不愿意与新人合作。因此，提高自己的知名度是他当下的工作。他非常需要一个公共关系公司为他在各种媒体上发布有关他的文章，但是他没有钱，也没有机会。

一次，偶然的机会，他在朋友的聚会上认识了莎莉。这是个很会交际的女孩，她曾经在一家很大的公共关系公司工作过好多年，不仅熟知业务，而且也有较好的人缘。几个月前，她自己开办了一家公关公司，并希望最终能够打入有利可图的公共娱乐领域。但是让她烦恼的是，到目前为止，一些比较出名的演员、歌手都不愿与她合作，她的生意主要还只是靠一些小买卖和零售商店。

于是，小王和莎莉立即联手，小王成了莎莉新公司的代理人，而她则为他提供出头露面所需要的经费。这样小王不仅不必为自己的知名度花钱，而且随着名声的扩大，也使自己在业务活动中处于更有利的地位。同时，莎莉也借助小王的名气变得出名了，很快就有一些有名望的人找上门来。二人各取所需，合作达到了最高境界，他们的关系也因此变得更加牢固。

从小王的故事中，我们发现，当今社会，如果想成功，如果想获得财富，那么，你就必须学会与人合作，而人脉的最高境界就是互利，合作的前提也是。

独木不成林，单打独斗并不是明智的方法。一个人再聪明，条件再优越，也不是三头六臂，也需要借助他人的力量。由此可见，一个人要想成功，就应该懂得借势，而且还要在生活实践中灵活地运用借势。

他山之石，可以攻玉。我们现实生活中的每个人，都应该学习借力打力的智慧。在竞争激烈的今天，那些实力弱小的人，如果仅凭自己的力量是很难获得成功的，我们只有发现有利于自身发展的资源，才能为自己开拓更为广阔的天地。

如何在有钱人的圈子里开拓出自己的财路

西方有句名言："与优秀者为伍。"日本教授手岛佑郎在研究犹太人的财商后，得出这样一个结论："穷，也要站在富人堆里。"后来，他还以此为书名，写了一本著名的畅销书。当然，结识有钱人，并不是让你趋炎附势，而是一种打通自己财路的方法。当今社会，人脉资源的重要性早已毋庸置疑，我们凭借自己一人之力是很难成功的，而多结交一些有钱人，你会发现，你赚钱的机会就无形中增多了。而且，这两者是成正比的，你的人脉档次越高，你的钱就来得越快越多，这已经是不争的事实！所以，不要再抱怨自己的财运不好，而应该明白是你的人脉还不够丰富，还不够强大，因此你还不能够成功。如果你希望自己的财路越来越广，那么，就赶紧走进有钱人的圈子里吧，这已经成为很多生意高手为人处世的重要法则。

> 系统思维

一位著名的企业家通过"十年修得同船渡"的方法结识了许多社会名流。他的经验是:"每次出差的时候,我都选择飞机的头等舱。一个封闭的空间,不会有其他杂事或电话干扰,可以好好地聊上一阵。而且搭乘头等舱的都是一流人士,只要你愿意,大可主动积极地去认识他们。我通常都会主动地问对方:'可以跟您聊天吗?'由于在飞机上确实也没事可做,所以对方通常都不会拒绝。因此,我在飞机上认识了不少顶尖人物。"

可能很多人认为,结交有钱人是一种趋炎附势的表现,其实,这是人之常情,你无须畏缩,只需要拿出勇气和智慧与有钱人交往、沟通,不断地从内在和外在两方面提升自己,就有机会一步步迈入名流行列。

假设你准备在生意场上大干一场,那么,你现在最缺的是什么?你当然会回答"资金和技术"。那么,如果你没资金怎么办?而此时,如果你有足够丰富的人脉资源,那么,资金和技术问题就能迎刃而解了。

张景的生意路就体现了人脉的重要性。他的生意如今已经做到了国外,有固定资产过千万,而十几年前,他还只是一个来自河南乡下的穷小子,他说:"我能有今天,靠的都是朋友的帮助。"的确,是人脉造就了他这个千万富翁。

张景非常善于积累人脉，为了认识更多的朋友，他随身都带着自己的名片。他说："哪天要是出去没有带名片，我会浑身不自在，就像自己没有带钱出去一样。"

大学毕业后，张景被朋友推荐去了一家珠宝公司任总经理，负责在上海筹建业务。工作期间，他认识了第一批上海朋友，其中有很多是在上海的香港人。在这些香港朋友的介绍下，他加入了上海香港商会，又经推荐当上了香港商会的副会长。利用这个平台，他认识了更多在上海工作的香港成功人士。

后来，张景在朋友的推荐下开始投资房地产。由于当时上海的房地产已经开始火热起来，有时候，即使排队也买不到房子。但在朋友的帮助下，张景不但买到了房子，而且还是打折的。几年后，在朋友的建议下，张景又陆续把手上房产变现，收益颇丰。据张景介绍，他目前的资产已经超过八位数，朋友则有两三千个。他说，自己的事业是因得到朋友的帮助，才会这么顺利。包括开公司，介绍客户和业务等，各种朋友都会照顾他，有什么生意也会马上想到他。

从张景一笔笔生意成功的事实中，我们能得到一些启示：要懂得给自己结一张关系网。在这张关系网中，有钱人越多，我们就越有机会赚到金钱，越能实现自己的理想与抱负……这就是培养人脉的重要性。

然而，打入有钱人的圈子也并非易事。有一个著名的公关专家曾经说过这样一段话："要发展事业，人际关系不容忽视。费心安排的话，人际关系便能由点至面，进而发展成巨树。有了巨树，我们才能在巨树的树荫下休息，坐享利益。社会地位越高的人，在拓展事业的时候人际关系越是重要。但是总不能因此就拿着介绍信去拜会重要人物。就算登门造访，人家也未必有时间见你，因为执各界牛耳的人物，通常都排有紧凑的日程表，即使见面，顶多也不过五分钟、十分钟的简短晤谈，无法深入。所以，制造与这些人物深入交谈的机会，非得另觅办法不可。"

因此，要想结交有钱人，我们必须舍得付出，尤其是和钱打交道的生意人，而最忌讳的就是舍不得付出。

有人说，生意捧的就是个人气，如果你开的是家饭店，你的人脉会带朋友来捧场；如果你开的是家商品公司，你的人脉也可能会趁着节日大批购进你的货品。而你可以通过这个平台为自己积累高端人脉，建立更庞大的营销网络，那么，生意就会越做越大。

投资不可只顾眼前，一定要眼光长远

我们都知道，投资的目的就是赚钱，然而，在投资领域，偶尔赚点儿蝇头小利并不算什么，或许只是因为你运气好。投资难就难在不断赚钱。事实上，生活中，可能你会看到这样的场景：两个投资者都失利了，其中一个说："我今年还行吧，这样差的行情，我才亏了20%。"另外一个可能说："我比你还好点儿，我才亏了15%。"听到这里，我们或许会感到悲哀，明明都是亏损，却因为亏得比别人少而感到自豪，而这就是很多人投资时最大的问题所在。人们的比较心理，让他们失去了判断力。

在这个商业社会的信息时代，大概我们每个人都想通过投资赚得金钱。然而要做到这一点，我们首先要做的就是拥有系统思维，要做到眼光长远，懂得在投资市场走一步看三步，鼠目寸光是投资行业的大忌。

在冰天雪地的阿拉斯加，想将冰块卖出去，听起来是不是很可笑？因为没人会买，但是在现实生活中就有人做到了。

有一位销售人员，他在阿拉斯加的冰河里收集冰块，然后以3美金/公斤的价格卖给当地的客户。

他是怎么做到的呢？

这位销售员在阿拉斯加从事食品销售的工作，他不像其他销售人员那样把客户当上帝，他甚至根本不急于推销他的产品，而是首先努力使自己成为客户的朋友与伙伴。他每天都会花一定的时间和客户相处,去观察和了解他们,他发现,他的很多客户喜欢喝冰镇的饮料,但是如果将冰块加到饮料中很快就会融化,饮料的味道就会变淡,影响口味。这个问题让客户很头疼,但又束手无策。

为了帮客户解决问题,他查阅了大量资料,终于找到解决问题的方法。他挖出阿拉斯加冰河底层的冰块,这些冰块因为有着成千上万年的历史,密度很大,融化的速度很慢,可以让饮料变得冰凉,却不稀释饮料。

事实证明他做到了,而且他因为帮助客户解决了生活中的难题而获得了他们的信任,也因此获得了更多的商机。

这位销售员之所以能够在阿拉斯加把冰块卖掉,是因为他看到了客户的需求。我们为什么不能看到市场背后的需求呢?这位销售员就是高明的投资者,真正的投资绝不是投机,不是一锤子买卖,而是需要付出辛勤劳动的,更是考验投资者的眼光和智慧的。

无论是哪一种形式的投资,也无论我们是失利还是成功,都要调整好自己的心态,不要被眼前的现状蒙蔽,而要头脑清醒地进行决策,以此获得更高的利益。

事实上,任何一种投资,其运作都是有规律的,更需要我们进行深层次探究、分析,形成自己的经验。等你拥有了一定的经验，你就会知道怎样顺势而行，获胜率也就会有大幅度提升。

商机，来自对市场的精准判断

当今社会，知识和信息更新速度之快，更要求每个人以智谋取胜。经济领域也是如此，对于任何想要致富的现代人来说，你不仅需要勇气，更要有一定的思想高度，要知道，只会线性思维、凡事凭直觉的莽夫是无法做成大事的。我们先来看这样一个小故事：

一百多年前，有个少年叫汉弗莱·波特，他的工作是坐在蒸汽发动机旁边，每当操纵杆敲下来，就把废蒸汽放出来。

他很懒，就这样看起来再轻松不过的活儿，他也觉得累人。于是，为了解放双手，他在机器上装了几条铁丝和螺栓，这样，阀门就可以靠这些东西自动开关了。而他也就能完全从蒸汽机旁边离开、出去玩个痛快，并且，发动机的工作效率也因此提高了一倍。他懒洋洋地发现了往复式发动机活塞的原理。

"想象力比知识更重要"，这是爱因斯坦的话。的确，只是一个小小的改动，就大大提高了效益，这就是想象力。在致富这一问题上，我们也要学习故事中这位少年的智慧，光努力是不够的，还要多动脑、多思考，尤其是要运用系统思维、多方位思考，这样才能真正做出成绩。

要想赚钱，超强的想象力并不可少，但并不是说我们就要具备他人所不具备的第六感，而是我们应该能从繁杂的信息中找到头绪。一般情况下，我们都能从今天发生的事情中推断出即将发生的事，但优秀的人则会看得更远，他们更会知道当下的经济运营状况会在什么情形下停滞或者发生逆转。他们并不是比一般人聪明，只是他们善于独立思考，而且不会让自己的思维受限，他们能在事情发生改变时立即采取措施，以使结果有利于自己。

当然，除了想象力外，我们还要有对市场最敏锐和最准确的判断，毕竟任何一项经济行为，市场都是我们首先应该考虑的。我们来看看石油大王洛克菲勒的故事。

石油大王约翰·洛克菲勒幼年时过着动荡不安的生活，他跟随父母搬迁过好几个地方。11岁时，父亲因一桩诉讼案而出逃。父亲"失踪"后，11岁的洛克菲勒就担起了家里生活的重担。

后来，洛克菲勒在商业专科学校学习了三个月，学会了会计和银行学之后，就辍学了。从学校出来后，他在休伊特·塔特尔公司做会计助理。他把工作当成了学习的机会，每次都认真地听休伊特和塔特尔讨论有关出纳的问题。在公司交水电费的时候，老板只看总金额，洛克菲勒却要逐项核查后才付款。一次，公司高价购买的大理石有瑕疵，洛克菲勒巧妙地为公司索回赔偿。为此，休伊特很欣赏他，就给他加了薪。

一次，洛克菲勒从一则新闻报道中得知，英国农作物因受气候影响而大面积减产。于是，他建议老板大量收购粮食和火腿，老板听从了他的建议，公司因此获取了巨额的利润。洛克菲勒要求加薪，遭到了休伊特的拒绝。于是，洛克菲勒离开公司决定创业。当时，洛克菲勒只有800美元，而创办一家谷物牧草经纪公司至少也得4000美元。于是，他和克拉克合伙创业，每人各出2000美元。洛克菲勒想办法又筹集了1200美元，才凑够了2000美元。这一年，美国中西部遭受了霜灾，农民要求以来年的谷物作抵押，请求洛克菲勒的公司为他们支付定金。公司没有那么多资金，洛克菲勒从银行贷款，满足了农民的需要。经过一年的苦心经营，公司获利4000美元。而如今，洛克菲勒中心的53层摩天大楼坐落在美国纽约第五大道上，这里也是标准石油公司的所在地。标准石油公司创立之初（1870年）仅有5个人，而今天该公司拥有股东30万，油轮500多艘，年收入已达五六百亿美元，可以说，这里的一举一动牵动着国际石油市场的每一根神经。

世界首富比尔·盖茨把洛克菲勒作为自己唯一的崇拜对象："我心目中的赚钱英雄只有一个名字，那就是洛克菲勒。"有人说："美国早期的富豪，多半靠机遇成功，唯有约翰·洛克菲勒例外。"因为他懂得用智谋取胜，有一双发现机会的慧眼。他从为别人打工开始，就显示出了与众不同的智慧。后来，他又从"英国农作物大面积减产"这一信息中发现了巨大的商机。只有全身心地投入到工作中，不断思考怎样把工作做好的人，才能拥有一双发现机会的慧眼。

因此，生活中的人们，无论你靠什么赚钱，你都需要智谋，还要善于运用系统思维开拓头脑，审时度势，运筹帷幄，决胜千里。

第09章
人际关系中的系统思维,如何架构良性圈子

生活中,我们每个人都要与周围的人打交道,建立各种各样的人际关系,比如夫妻关系、家庭关系、朋友关系等。在人际交往中,如果我们习惯于线性思考,很容易陷入一叶障目甚至情绪化的漩涡里,而如果我们能做到全方位考虑,积极搭建、用心经营,想必你能构建良性的人脉圈子,让你的生活和工作更愉快、幸福。

▲ 系统思维

人类的天性习惯于将事件归咎于相同的原因

我们都知道,惰性是人类的天性,在思维上也是如此,因此,对于常常遇到的多个事件,人们会将它们归咎于相同的原因。

可能我们想知道,为什么孩子不能表现得更好?为什么我们在财务上很费劲地实现收支平衡?为什么我们的生活不像之前那样快乐、无忧无虑?如果运用线性思维,我们可以完全听从直觉指挥,认为孩子学习不好是因为他懒惰,认为我们在财务上难有结余是因为我们花钱不懂节制,而无法像小时候一样快乐是因为我们赚得不够多等。很明显,我们在考虑问题时习惯于运用因果思维,但这样看问题并不全面,如果我们能转而运用系统思维,就能全方位地分析问题,并找到解决方法。

这一点,一千多年前的伽利略就给我们树立了榜样。

在伽利略之前,古希腊的亚里士多德认为,物体下落的快慢是不一样的。它的下落速度和它的重量成正比,物体越重,下落的速度越快。比如,10千克重的物体,下落的速度要比1

千克重的物体快10倍。

1700多年以来,人们一直把这个违背自然规律的学说当成不可怀疑的真理。年轻的伽利略根据自己的经验推理,大胆地对亚里士多德的学说提出了疑问。经过深思熟虑,他决定亲自动手进行一次实验。他选择了比萨斜塔作为实验场。

这一天,他带了两个大小一样但重量不等的铁球,一个重10磅,是实心的;另一个重1磅,是空心的。伽利略站在比萨斜塔上面,望着塔下。塔下面站满了前来观看的人,大家议论纷纷。有人讽刺说:"这个小伙子的神经一定是有病了!亚里士多德的理论不会有错的!"实验开始了,伽利略两手各拿一个铁球,大声喊道:"下面的人们,你们看清楚,铁球就要落下去了。"说完,他把两手同时张开。人们看到,两个铁球平行下落,几乎同时落到了地面上。所有的人都目瞪口呆。

伽利略的实验,揭开了落体运动的秘密,推翻了亚里士多德的学说。这个实验在物理学的发展史上具有划时代的重要意义。

表面上看,重的铁球应该是先着地的,但伽利略向所有人证实了事实并不是如此。从这里,我们可以看到,很多时候,如果我们在思维上懒惰、凭直觉下结论,很有可能造成错误的判断。

我们知道，在系统思维中引起事件的原因往往不止一个。比如，事件A可能引起事件B，而事件A的产生也另有原因。通常会存在一个增强反馈回路表明B甚至也在某种程度上导致了A。

有了系统思维的理念，你在发表言论的时候，可能就更客观了；你在思考解决问题的时候，就会向更高层爬，希望看到更多的系统，你作出的决定也就趋于合理。比如，有时候，我们看待孩子，对孩子产生刻板印象，是因为我们只看到了孩子的某个方面或者某些方面，而没有全方位地了解孩子。你是否发现，你的孩子虽然学习成绩不好，但他的人缘却很好，别人总是愿意和他交朋友。对于这点，你夸赞过他吗？

在一个系统里面，受系统的影响，各个事物都有自己运行的规则，而我们切断它们的联系，就一个事情的一个原因去作决定，往往违背了系统运行的轨迹。

就事论事是个比较清晰、简单的认识事物的方法，不能说它没有用，但更多的时候，它只能暂时解决当下的问题。如果想更好、更全面地解决问题，还是要把它放到系统里去，好好思考，好好作决定。

我们在认识事物本质的时候，往往希望它越简单越好，但这只是我们美好的想象。即使在学习中，我们也希望把知识条理化，以便于我们学习。但是我们真正面对事物的时候，还是要把它还原，把它放入系统中，这样我们才能真切地观察到它的运行轨迹，同时找到解决问题的思路和方法。

四种模式会导致离婚或人际关系的终结

每个走进婚姻的人都希望拥有幸福美满的婚姻，但是现在离婚率日益走高，很多时候，导致婚姻破裂的并不是婚外情，而是婚姻模式的问题。婚姻失败的原因有很多，但归纳来看无非以下几种模式。

①批评：批评并不能让对方对某一问题提高关注，它展现出来的是你如何看待你的伴侣，而且经常批评对方，会让对方感受到被拒绝，这会导致他们受到深深的伤害。

②蔑视：这样的沟通是一个人心胸狭窄的表现，会让对方感受不到你的爱与重视。

③防御：当我们认为自己被对方不公平对待时，就会开启自身的自我防御机制，我们会找各种理由让他们停止这样的不公平对待。

④漠视：双方沟通时，如果一方不被倾听和认同，就会产生漠视，这会终止沟通。

以上是失败的婚姻模式，希望大家引以为戒。

有些人在该关心伴侣的时候却选择了强硬，在该强硬的时

> 系统思维

候却妥协了；在一起的时候总是嫌对方烦，挽回后却又不懂得珍惜。这就是大部分夫妻的相处模式，久而久之，就会导致感情走向破裂。

我们经常听到一些人感叹："如果读书时能够好好学习，现在过的也不是这样的生活。""那几年真该好好孝顺父母，如今他们却不在了。""上个月如果我努力一点儿，工资肯定不止这么一点儿。"的确，人生有太多遗憾，但对于遗憾，我们完全有避免的方法，那就是学会珍惜。婚姻更需要彼此珍惜和相互扶持，我们越计较得失，越容易在中途就失去力气，为无果而沮丧；如果我们能保持心情愉悦，并放慢脚步，学会珍惜生活中的点点滴滴，那么，反而能收获一路的风景。人生的路很长，我们要相信幸福一直在路上，只等一颗宁静和细致的心去发现。

杨欣有着众多女性羡慕的生活。她自己经营着一家皮具公司，有自己的品牌，生意红红火火，而她的老公，因为生意上的失利，最终赋闲在家，当上了全职煮夫，每天接送孩子、做饭、洗衣服。但杨欣心里是不乐意的，因为在外人看来，她的丈夫很没出息。于是，她每天一回到家，不管遇到什么不开心的事儿，都会朝老公发火，幸好，老公是个好脾气的男人，从来不跟她计较。时间一长，她觉得自己赚钱养家，老公似乎就该忍受自己的坏脾气。但经过一件事之后,她才发现,原来自己一直都是身在福中不知福。

这天,她正在办公室看资料,看到不明白的地方,就打电话给秘书小吴,但电话一直占线。于是,她走到小吴的办公室,原来,小吴在和家人通电话,好奇心驱使她继续听下去。她隐约听到小吴说:"我知道了,你说晚上要吃红烧鱼,家里要来客人?你放心,我一会儿下班就去买菜。你说,女儿还是我接?那行吧,我买完菜去学校门口等女儿……"

小吴终于挂了电话,杨欣在门外叹了一声:真辛苦的女人!凑巧,小吴看到了站在门外的杨欣,于是,她赶紧说:"董事长,不好意思,家里有点儿事,刚占用了点儿工作时间。"

"没事的。我看你每天得工作,还得照顾家庭,这不是很累吗?"

"是呀,我真的羡慕董事长您,每天回到家里,您爱人都能理解您,自己做家务。人们常说,应该男主外,女主内,其实在我看来,任何一种模式都可以有幸福的生活。我虽然累点儿,但是每天下班就能看到丈夫在家,看到父母健健康康的,也就不累了。"

是呀,我怎么没看到这些幸福呢?杨欣心里想。

这天下班后,她回到家,听到丈夫说:"回来了?赶紧来洗手,马上开饭。"看到系着围裙在厨房做饭的老公,杨欣第一次发现,原来自己这么幸福。她忍不住走到老公身边,从后面抱住他,对他说:"亲爱的,辛苦了。"听到妻子这么说,丈夫也会心地笑了。

的确,从这个温馨的瞬间中,我们可以发现,一个人只有学会珍惜,才能抓住点滴的幸福,才能减少人生的遗憾。

其实,不只是婚姻,任何人际交往中,以上四种相处模式都是我们应当避免的。与人相处,贵在真诚、尊重、关心,只有和平相处,少些隔阂,多些沟通,相互信任,多些理解,一段关系才能走得更远、更长久。

求同存异,用爱和包容经营婚姻

任何一个人都希望拥有和睦、温馨的婚姻。然而,家庭本身就是由一对性格、生活习惯等不同的夫妻组织在一起形成的,难免会出现一些不和谐的因素,但只要我们能做到心平气和,尊重、理解和包容对方,是能做到求同存异的。

心理学家指出,男女其实是互补和对抗的两个潜意识个体,所以,男女双方走在一起,是必须经过一段时间的磨合的,直到双方能接受并且习惯彼此相同或者不同的部分。

银行职员张先生就是个善于经营家庭生活的人。他这样陈述道：

> 妻子有着一般女人的爱好——逛街，而且经常是日出时出门，日落时还不进门。因为这一点，我和妻子在结婚之初就闹过很多次矛盾。
>
> 记得那一次，五一长假的第一天，她就拉着我陪她去逛街，我只好硬着头皮去了。谁知道，妻子这个好动的女人，对什么都感兴趣，一会儿看看这个，一会儿看看那个，对于自己想买的东西，不仅要货比三家，还要讨价还价。我实在受不了，就催她赶紧付钱，结果妻子不高兴了。回家后，我们吵了一架。
>
> 自从那次后，只要妻子再拉我去逛街，我都千方百计地找借口推辞，时间长了，她也就不喊我了，而是找自己的姐妹。
>
> 其实，刚结婚时，我就希望能把妻子好动的性格扭转过来，希望她也能和我一样在家看看报纸，看看新闻，多学点儿东西。但当我把想"改造"妻子的情况说明后，妻子拒绝了，她认为，把个人喜好和性格强加于人，无异于给别人制造痛苦。所以，我的打算也就此"流产"了。
>
> 如何协调夫妻关系呢？后来，我在翻阅历史书和看新闻时，都看到"求同存异"四个字，这四个字给了我启示，夫妻间也可以求同存异。跟妻子商量，她赞同这观点，于是，我

们进行了进一步协商。我们认为，妻子好动，就让她去参与适合她的活动，我喜静，则由我去从事自己喜欢的事儿，只要不超原则，即互不干涉；同时，我们还觉得必须挖掘出一些共同点，否则，两个人的话题会越来越少。于是，我们买了副网球拍，傍晚时，我们就去小区的网球场锻炼。

时间证明，我们这套相处方法还是有效的。妻子再去逛街，一般只会告知我一声，我也不用跟着去了。而我则待在家中做自己喜欢的事，如上网聊天看新闻，读书看报写文章，互不干扰，各得其乐。如今，我们的婚姻已过了七年之痒，其间少有矛盾摩擦，恩爱和睦。我和妻子的性格如此不同却能和睦相处，我想应该就是求同存异的结果吧!

从张先生的经验之中，我们能看出，他之所以能和妻子和睦相处，恩爱如初，就是因为他们遵循了求同存异的相处之道。

夫妻之间求同存异，就是要尊重对方与自己不同的方面，尊重对方的个性，这也是一个人保持独立人格的基本要求。虽然两个人生活在同一屋檐下，但仍然是有自己思想的个体，依然有各自的爱好和价值观。当然，求同存异也不是放任对方，只要对方的行为不破坏家庭的稳定，有利于保持对方的身心健康，我们就应该支持。存异的目的是求同，求同是为了家庭的温馨、家庭的幸福。

在婚姻中，双方的性格不同，把自己的喜好、习惯强加于家庭中的其他人，必然会引发很多矛盾。

因此，要想拥有一个和睦的家庭，就必须学会求同存异。在面对分歧的时候，我们需要掌握以下四要素：

沟通：相互沟通是维系婚姻家庭幸福的一个关键要素。有什么话不要憋在肚子里，多同对方交流，让对方多了解自己，这样可以避免许多无谓的误会和矛盾。

慎重：在婚姻中，遇到事情要冷静对待，尤其是遇到问题和矛盾时，更是要保持理智，不可冲动，冲动不仅不能解决问题，反而会使问题变得更糟，最后受损失的还是整个家庭。

换位：凡事不要把自己的想法强加给爱人，遇到问题的时候多换位思考一下，站在对方的角度上好好地想想，这样，你就会更好地理解你的家人。

快乐：只要有快乐的心情，就能构建起幸福的家庭。所以，进家门之前，请把你的烦恼通通抛掉，带一张笑脸回家。如果双方都能这样做，那么，这个家一定会成为一个最幸福的家庭。

运用系统思维，借助各种网络人脉

如果你是一个渴望成功、追求财富的人，你可能会问：怎样才能快速成功?怎样才能秒杀财富?如何才能改变贫穷的命运?答案只有一个,那就是:人脉圈!其实,你没有意识到的是,成功完全可以走直线,只要你能找到一群优秀的人助你成功。的确,人脉就好比一座无形的金矿,拥有了这座金矿,你就掌握了取之不尽的财富。然而,如何建立利于我们成功的人脉圈却成为很多人头疼的问题。事实上,我们发现,那些人脉广泛的人都有一个特点,那就是,他们绝不放过任何一个结交朋友的机会。你主动出击的次数越多,你所认识的人就越多,你认识"贵人"的可能性就越大。

圈子的重要性已经毋庸置疑,那么,如何来构建自己的圈子呢?其实,我们如果能运用系统思维,做到在扩展圈子范围的同时不断构建新的圈子,那么,就能形成自己的圈子。具体来说,构建自己的人脉圈子不外乎以下几条途径:

其一,通过各种方法和关系,主动加入一些专业性的、有影响力的或者有特色的圈子,并努力担任这些圈子中的重要角色。比如,你可以多参加同学会、老乡会或者你所在专业的社团等。

其二,如果你认为你的圈子已经很好,那么,你可以积极主动地与圈子中的朋友一起分享你的专业知识和经验,这样,你就能迅速扩大你在圈子中的影响力。

其三,主动发起圈子中的各种活动或者参加一些社会活动,哪怕它需要花费你一定的金钱、时间和精力。但当大家对你信任有加的时候,你的付出就得到了回报。

总之,我们需要明白,无论是从圈子的存在和发展还是从我们自身在圈子中的影响力形成的角度看,我们都需要积极参与圈子中的活动以及圈子的建设。

事实上,我们不难发现,那些成员关系稳定的专业圈子也就意味着某些资源的相对集中,甚至会形成一个小众群体。因此,你如果想成功、想发展人脉,不妨加入一些精英圈子,这样,你就能获得更多的学习和发展的机会。但你还需要明白的是,一个圈子很广的人,差不多都是那些善于交往的人,包括组织创始人、主要组织者、核心人物和积极参与者,作为圈子中最早的交往者,他们的影响不仅表现在圈子形成的过程中,而且会持久体现在圈子稳定之后的持续扩大上。

另外,没有付出,哪来回报。这一原则同样适用于圈子生活。实际上,拥有良好人际关系的最佳方法是,不要一味要求别人为你做什么,而要时常想想你能为别人做什么。这才是建立关系网的真正艺术。那种凡事不沾边,喜欢吃现成饭的人,是很难获得圈子中大多数成员的尊重和拥护的。

因此,我们需要明白,无论从事什么工作,你最大的收获都不只是你赚了多少钱,积累了多少经验,还包括你认识了多少人，结识了多少朋友，积累了多少人脉资源。因为这种人脉资源会一直发挥作用，成为你无形的资产和财富。

保持开放的心态，才能扩大你的人际关系网

当今社会是一个开放的社会，我们每个人都生活在一定的圈子中，也都有自己的圈子，你的圈子越大、越多，你见识的人生也就越丰富，人与人之间的距离也越近。相对于封闭式人生相对稳定的熟人世界，开放式人生的一个重要特点是，人脉圈子是动态的。我们可以通过关系套关系、人脉套人脉、圈子套圈子的方式来结识朋友，也就是说，多结交有圈子的朋友，你的朋友也会越来越多。但前提是，我们必须敞开自己的内心，接纳周围的人。

曾经有个年轻人，性格内向，不爱与人交流，但经过一次事件后，他改变了自己的心态。

一次，他坐火车去旅行，他邻座是一位老太太，一路上，他都不说话。老太太见状，便问："小伙子，你说什么是朋友？"

年轻人说："有共同爱好，志同道合的人。"

老太太却说："准确地说，是一模一样的人。你看朋是怎

么写的？是两个月，一边一个，就是一模一样的人。'一模一样'包含的内容太多了，仅仅有共同的爱好不一定是真正的朋友，也许只是形式上的朋友。"年轻人觉得老太太的话很有道理。

现实生活中的我们也应当从老太太的话中获得启示。人们常说，交友交心，我们都明白，人的一生，要找到真正的朋友并非易事，但如果我们封闭自己的心，不愿与人交往，那么，不仅交不到真正的朋友，恐怕连形式上的朋友都交不到。因此，对于初次结识的人，我们要主动记住对方的姓名、电话、爱好、生日等，尽量收集对方更多信息，并在合适的时间送上自己的关怀和问候，这样一来二往，你们之间的关系就会有一个量变到质变的转变。

那么，我们该如何让自己的圈子不断扩大呢？

1.向身边人寻求帮助

我们都是社会中的人，都有一定的人脉圈子，并且这个圈子一般都有三层：第一层是我们身边的亲人；第二层是我们的老师、同学、朋友、老乡、同事；第三层则是再突围到更大更高端的圈子。我们身边的人，往往都是我们最熟悉的，也是最可靠的人脉圈子，他们往往都是支持我们的，因此，只要和他们搞好关系，他们是愿意为我们介绍更多朋友的。

2.结交关键和重要的人物

西方有一则著名的格言:"重要的不在于你懂得什么,而在于你认识谁。"我们每天都在认识不同的人、结交不同的朋友,但并不是所有人都能够改变或者帮助我们。因此,要构建有用的人脉资源库,我们必须学会结交关键和重要的人物。而要认识关键和重要的人物,首先要开放你自己,学会运用各种渠道,而不仅仅是把眼光放在自己经常涉足的固定圈子上。当然,如果你已经是个很高端的人物,则另当别论。比如,你希望结交某个名人,那么不要认为名人是很难接近的,其实他们是很寂寞的。所谓"高处不胜寒",许多名人其实比你想象的还要容易接近。比如,所有名人都有他们的律师、医生、牙医、会计师、亲戚、喜爱的餐厅及常去的地方,也有经纪人、宣传、公关人员及教练。先去认识这些人,然后请他们为你安排与名人见面,或替你打第一通电话。

3.不能只盯着关键和重要的人

前面,我们强调要结交关键和重要的人物,但这并不是要我们只把眼光盯在这些人身上。诚然,那些位高权重的人可能对你更有帮助,但我们也不能小看任何人,只要他有理想、有思想、肯奋斗,就拥有光明未来。在人际交往中,不能明显地厚此薄彼,以势利小人的面目出现。

4.对接触"陌生人"保持开放的心态

资产达两百五十亿美金的美国前首富山姆·威顿就是个喜欢结交新朋友的人，在他所参与的社团中，他总是充当领导者的角色，并不断结识新朋友，这样，这些人在他日后的事业发展中就可能起到积极的作用。

我们每一个人都希望在自己束手无策的时候能获得他人的帮助，但如果你不主动出击，不敞开自己的心扉与人交往，谁又愿意帮助你呢？

有情有义，施恩于至交好友

我们要从长远的角度考虑问题，而且，这一思维也可以运用到人际关系中。与那些"落难英雄"结交，足以显现你的诚心，他日对方一飞冲天、飞黄腾达后，自然会把你拜为上宾，对你也会有求必应，甚至会主动提出报答你。

小何是北京某网络运营公司的运营助理，经理是个小心谨慎的人，公司运营得也一直还可以，所以基本上小何的工资每年都在涨。他也很感激经理给了他这样一个平台发展自己，即使经理偶尔会骂他几句不中听的话，他也毫不在意，因为他知道，经理是为了他好，为了他能够进步。

但世事难料，公司一个秘书带着所有的客户资料跳槽了，公司一下子陷入了瘫痪的状态，经理心急如焚。公司的一些员工在前秘书的动员下，也纷纷跳了槽，剩下的一些员工，也是没有去处，不得不留下来的。公司面临即将倒闭的危险，大家都在看经理会用什么办法解决。很多人说："这下子都是将死的蚂蚱了，再努力也没用了。"经理听到有人这样说，更是泄气了，甚至开始考虑怎样把公司转手。这时候，小何敲开了经理办公室的门，对经理说："就是您只剩下我这么一个下属，我也会为您全力效劳，您永远是我最尊敬的经理，您不要泄气，我们一定能挺过来的。"听了小何一番话，经理感觉整个人找到了目标，在小何的帮助下，他不仅重新联系上以前的客户，还挖掘到新客户，公司起死回生，大家都说小何是公司的救星。的确，就连经理也很感激他，说："我身边还有一个人可以信任，那就是小何。"每每听到这话，小何都感到很欣慰。

　　小何是一个有远见的下属，给面临公司倒闭困境的领导以慰藉和鼓励，让领导重新振奋精神，走出困境。人往往在落难时更容易记住别人的好，小何的领导就记住了他的好，永远信任他。

　　由此，我们可以得出一个交际界的真理：这个世界上最成功的人从来不会一味地向别人索取帮助，相反，他们会挖空心思寻求能够帮助别人的机会。很多善于交际的人有条交际原则，那就是帮助落难英雄。

那么，我们该如何做呢？

1.学会站在对方的立场说话

"良言一句三冬暖"。有时候，一句体贴的话，会即刻拉近彼此间的心理距离。站在对方立场说话，这是强化心理感受、获得心理认同感的重要方面。

2.主动结交和帮助对方

当你经营人脉的时候，最重要的就是主动帮助别人，不断地帮助别人，尽你所能地帮助别人，只有这样，你才会获得别人的信任和好感，你储存的人脉才会越来越广，他日你需要帮助的时候，这些人才会挺身而出，为你效力。

3.给其精神上的鼓励

很多时候，对方之所以陷入困境，并不是能力的问题，而可能是失误或者外部原因。因此，你给他精神上的鼓励，哪怕是简单的一句"加油"，都会让他感觉是雪中送炭。

4.要不着痕迹地给对方好处

越是在不显山露水中给足对方好处和利益，对方越是感激。因为这足以显示出你的体贴和细心。

的确，人的一生并非处处得意，当一个人不得志时，很多势利的人会远离他，而去巴结那些有权有势的人。此时，你若给他送上份小礼，就很容易与他成为患难之交。这是一种赢得他人尊重的重要心理战术，千万不要错过这个机会。一旦重新得志，他是不会忘记你的。

参考文献

[1] 舒斯特.11堂极简系统思维课[M].李江艳,译.北京:中国青年出版社,2019.

[2] 袁劲松.系统思维智慧[M].青岛:青岛出版社,2013.

[3] 格哈拉杰达基.系统思维[M].北京:机械工业出版社,2014.

[4] 梅多斯.系统之美[M].邱昭良,译.杭州:浙江人民出版社,2012.

↑ 系统思维